RAPPORTS

SUR LES

TRAVAUX SCIENTIFIQUES

EXÉCUTÉS PENDANT LE VOYAGE

DE LA FRÉGATE

LA VÉNUS.

A. PIHAX DE LA FOREST, Imp. de la Cour de Cassation, rue des Noyers, 37.

RAPPORT

FAIT A L'ACADÉMIE DES SCIENCES

SUR LES

TRAVAUX SCIENTIFIQUES

EXÉCUTÉS PENDANT LE VOYAGE

DE LA FRÉGATE LA *VÉNUS*,

COMMANDÉE PAR M. LE CAPITAINE DE VAISSEAU

DU PETIT-THOUARS.

Commissaires, MM. Beautemps-Beaupré, de Blainville, Elie de Beaumont; Arago, rapporteur.

———————

Le Gouvernement envoie de temps à autre des bâtiments de l'Etat, dans les régions où il lui semble utile de montrer notre pavillon, de donner appui et protection aux navires baleiniers, de demander la réparation de quelque insulte, de recueillir des documents précis sur les rades, les ports où des escadres pourraient aller se réparer, renouveler leurs vivres et s'approvisionner d'eau et de bois. Tel fut, nous le supposons du moins, le but du voyage de *la Vénus*. Les journaux apprirent au public, il y a environ un an, que la frégate venait de rentrer à Brest après avoir rempli, avec beaucoup de distinction, la mission dont elle était chargée. En rapprochant cette circonstance du Rapport que nous allons présenter à l'Académie, personne ne doutera plus que, sans s'écarter en rien d'un itinéraire tracé par les besoins de la politique, du commerce ou par les exigences de l'honneur national, les navires de guerre ne puissent, à l'avenir, grandement contribuer au progrès des sciences. L'exemple donné par M. Du Petit-Thouars fructifiera : nous en avons pour garant le zèle, l'ardeur et les connaissances solides de la plupart des officiers de notre marine.

Itinéraire du voyage.

La *Vénus* quitta *Brest* le 29 décembre 1836. Elle jeta l'ancre à *Sainte-Croix-de-Ténériffe* le 9 janvier 1837, en partit le lendemain et arriva à *Rio-Janeiro* le 4 février suivant. La frégate remit à la voile le 16 février, doubla le *Cap Horn* le 21 mars, par 60° de latitude australe, et mouilla à *Valparaiso* le 26 avril. Le 25 mai, nous trouvons la *Vénus* au *Callao :* elle était sortie de *Valparaiso* le 13 du même mois. Sa traversée du *Callao* à *Honoloulou* (îles *Sandwich*) s'effectua du 2 juin au 9 juillet; celle des îles *Sandwich* à la baie d'*Avatscha*, dans le *Kamtschatka*, du 25 juillet au 30 août; la traversée du *Kamtschatka* à *Monterey* (*Haute-Californie*), du 15 septembre au 18 octobre. La frégate appareillait de *Monterey* le 14 novembre; elle entrait dans la *baie* de *la Magdeleine* (*Basse-Californie*)

le 25 novembre; remettait sous voiles le 7 décembre;
atteignait *Mazatlan* (côte du *Mexique*) le 12 du même
mois; y séjournait jusqu'au 18; mouillait à *San-Blaz*
(*Mexique*) le 20; en partait le 27 et, après avoir pro-
longé la côte, arrivait à *Acapulco* le 7 janvier 1838.
Le 24, la *Vénus* se dirigeait vers *Valparaiso*, et y je-
tait l'ancre le 18 mars. Le 28 avril, nous la trouvons
sous voiles, faisant de nouveau route pour le *Callao
de Lima*, où elle entre le 10 mai. Le 6 juin, la frégate
était à *Payta*. Le 17, nous la voyons cinglant vers l'archipel des *Galapagos;* elle pénètre dans ce groupe
d'îles le 21; le quitte le 15 juillet, faisant route vers
les îles *Marquises* et ensuite vers *Taïti;* elle jette l'ancre dans la baie de *Papeïti* le 29 août; en part le 17
septembre; détermine, pendant sa traversée, les positions des îles *Taboui-Manou*, *Hul*, *Mangia*, *Rarotonga;* arrive à la *Baie des Iles* (*Nouvelle-Zélande*),
devant *Kororareka*, le 11 octobre; quitte cette baie
le 14 novembre; jette l'ancre le 23 au port *Jackson*,
d'où elle part le 18 décembre; passe au sud de la terre
de *Van-Diémen* et atteint *l'île de Bourbon* le 5 mars
1839. Le 9 du même mois, la *Vénus* mettait déjà sous
voiles. Le 29, nous la trouvons à *False-Bay* du cap de
Bonne-Espérance; le 22 avril, elle quitte cette rade,
mouille à *Sainte-Hélène* le 7 mai, en part le 11, visite,
le 16, *l'île de l'Ascension* et jette enfin l'ancre, en rade
de *Brest*, le 24 juin 1839, après 30 mois de navigation.

« Voilà l'itinéraire du voyage de la *Vénus*. Faisons
maintenant l'énumération des acquisitions dont la

science sera redevable à cette campagne, mais sans perdre de vue que la frégate avait une mission purement politique, commerciale; sans jamais oublier que les officiers n'étaient nullement tenus de se livrer aux nombreuses observations météorologiques, magnétiques, de physique terrestre, qui ont tant ajouté à leurs fatigues.

GÉOGRAPHIE.

Dans l'état actuel de la géographie, les tables de latitudes et de longitudes ne pourront guère être perfectionnées que par des observateurs sédentaires. Les navigateurs, à qui les exigences de missions politiques, commerciales ou militaires ne donnent pas la faculté de coordonner les époques de départ et d'arrivée avec les phénomènes célestes, se trouvent souvent dans l'impossibilité de recourir, pour leurs travaux, aux observations, aux méthodes qui donneraient le plus d'exactitude. Cependant, le voyage de la *Vénus* sera loin d'être sans intérêt, même sous ce rapport. Nous voyons, en effet, dans les journaux de terre :

« Une observation d'occultation de ♂ du Bélier faite à *Rio-Janeiro* [1] ;

---

[1] Cette observation, calculée provisoirement en mer pendant le voyage, sur les données de la *Connaissance des Temps*, a conduit, pour la longitude de Rio-Janeiro, au nombre. . .   45° 30′ 47″
Dans la table de la *Connaissance des Temps*, on trouve 45° 30 0″

« Une observation d'occultation de ε du Bélier faite à *Tahiti ;*

« Une observation d'éclipse de soleil, faite à *Valparaiso ;*

« Plusieurs séries de culminations lunaires ;

« Plusieurs séries de hauteurs de deux astres et de leurs différences d'azimut, obtenues à l'aide d'un théodolite de M. Gambey, répétiteur sur le sens vertical et sur le sens horizontal. On pourra apprécier, par ce travail, le degré d'exactitude que le nouveau procédé promet, quant à la détermination des coordonnées géographiques à terre. »

Dans plusieurs points importants, à *Valparaiso*, à *Monterey*, à *Acapulco*, à *Kororareka* (Baie des Iles), M. *Du Petit-Thouars* s'est occupé, personnellement, de la vérification des longitudes, à l'aide d'observations de distances de la lune au soleil.

A Monterey, le résultat moyen, déduit par M. le lieutenant Lefebvre, de l'ensemble des observations de M. le commandant de la *Vénus*, ne surpasse la longitude que donne la *Connaissance des Temps*, que de $2'',5$ (en temps); à *Acapulco* la différence, en sens contraire, s'élève à $12'',5$. A *Valparaiso*, elle va jusqu'à $27'',5$; à la Baie des Iles elle redescend à $2'',6$.

L'officier qui s'est chargé de calculer les distances lunaires de M. Du Petit-Thouars, les a partagées par groupes de quatre distances ou d'une seule répétition. Prenons les circonstances favorables, et nous trouverons que la longitude déduite d'une quelconque de ces *courtes* séries d'*observations courantes*, ne diffère de la moyenne de toutes que *d'une minute* en temps, au maximum. *Une* minute en temps, *quinze* minutes de degré, environ *six* lieues à l'équateur, telle serait l'incertitude sur la position d'un navire en longitude, après *une* observation facile, à la portée de tout le monde et qui n'exige pas pour être faite et complétée plus d'une à deux minutes. Si l'on ajoute que rien n'empêche de renouveler la mesure de la distance de la lune à un autre astre, quatre, six, huit, dix fois; que les erreurs à craindre, en tant qu'elles dépendent des observations, diminuent proportionnellement au nombre de répétitions, on demeure vraiment étonné de voir avec quelle facilité, avec quelle exactitude un navigateur, grâce au progrès des sciences, peut aujourd'hui, à l'aide d'un coup d'œil sur le ciel, trouver sa place sur le globe à toutes les époques du plus long voyage.

Ces résultats ne sauraient être proclamés assez haut, dans un temps surtout où des esprits superficiels préconisent outre mesure la navigation purement chronométrique. Les vrais chronomètres sont incontestablement des machines admirables; dans aucune de ses œuvres, l'homme n'a montré plus d'adresse, plus de persévérance, plus de ressources, plus de génie; ne nous écrions pas, cependant, que l'art est arrivé à ses dernières limites; disons, au contraire, qu'il reste encore beaucoup à faire. Nous n'en voulons pour preuve que les six chronomètres dont la *Vénus* avait été pourvue. Ces instruments portaient des noms assurément bien célèbres : les noms de Louis Berthoud, de Motel, de Breguet, et cependant :

« Dans le passage du Callao à Honoloulou, le n° 75 de Berthoud était déjà hors de service : il ne marchait plus ;

« Le 12 juin 1839, le n° 9 de Breguet s'était aussi arrêté ;

« Le n° 76 de Louis Berthoud qui, au départ de Brest, retardait sur le temps moyen de 5″,0 par jour, avançait au Callao de 0″,8 ; à Honoloulou, de 3″,4 ; à Valparaiso de 5″,1 ; au port Jackson de 7″,2, ce qui correspond, depuis le départ, à une variation totale, pour la marche diurne, de 12″,2.

« Le n° 127 du même excellent artiste, varia, pendant toute la durée de la campagne, entre 11″,3 d'avance et 0″,9 de retard. Le changement total de marche en deux ans et demi, fut donc encore de 12″,2.

« Les n°⁵ 175 et 186 de Motel ont plus varié encore : le premier de 20″,6 ; le second de 26″,0. »

Il est juste de remarquer que ces changements ne s'opèrent pas brusquement ; qu'à chaque point de relâche le navigateur a la ressource de déterminer la marche diurne chronométrique qu'il faudra employer dans le calcul des longitudes, pendant la traversée de ce point au point suivant ; que, dès-lors, les erreurs se trouvent bien circonscrites. Néanmoins, en choisissant un exemple dans les registres de la *Vénus*, nous trouvons qu'au port Jackson le n° 186 de M. Motel avançait de 25″,7 par jour ; au cap de Bonne-Espérance cette avance n'était plus que de 22″,1. Prenons la moyenne de ces deux nombres, 23″,9, pour le vrai retard moyen

durant la traversée entre la côte orientale de la Nouvelle-Hollande et le Cap ; 23″,9 diffèrent de 25″,7, retard du port Jackson, de 1″,8 ; en arrivant au Cap ,
après 90 jours de navigation, l'erreur de la longitude
chronométrique aurait donc été de 2′42″, c'est à-dire
trois fois plus considérable que l'erreur du résultat
qu'on eût pu déduire d'une seule double observation de distance lunaire , faite avec le cercle à réflexion.

Loin de nous la pensée de porter atteinte, par ces
remarques, à la grande et juste considération dont jouis-
sent de fort habiles horlogers de France, d'Angleterre,
de Danemarck , et particulièrement les trois construc-
teurs français de chronomètres, que nous venons de citer. Tout ce que nous avons voulu, c'est de montrer,
en opposition à certaines décisions irréfléchies, que dans
l'horlogerie elle-même , que dans la branche de la mé-
canique où nos pères se sont le plus illustrés, le rôle de
leurs descendants n'est pas irrévocablement celui de co-
pistes serviles. Enfin, il nous a paru utile de prouver,
qu'à l'époque actuelle, et pour qui sait y lire, la sphère
céleste est encore le plus direct, le plus sûr, le plus exact
des instruments de longitude. Une telle conclusion n'a
rien, ce nous semble, dont l'amour-propre de personne
au monde puisse s'offenser [1].

---

[1] Voici quelques résultats qui pourront intéresser les navigateurs :

Après vingt-cinq jours de traversée, à partir de Tahiti, la
montre n° 76, correction faite de la variation de sa marche , a

Les journaux de la *Vénus* renferment une très-nombreuse suite de déterminations de la distance de deux points de l'horizon visible diamétralement opposés. Ces déterminations, obtenues à l'aide d'un instrument de M. Daussy, sont accompagnées de toutes les données nécessaires sur l'état du baromètre et de l'hygromètre, sur la température de l'atmosphère, et sur celle des eaux. Il sera donc facile de soumettre à une nouvelle discussion les règles empiriques d'après lesquelles on se croit aujourd'hui certain de deviner, sinon la valeur, du moins le signe des erreurs qui peuvent affecter les dépressions observées de la ligne bleue le long de laquelle l'atmosphère paraît reposer sur la mer. Hâtons-nous déjà de dire que dans cette multitude de résultats, il n'en est que deux d'où l'on déduise un exhaussement, au lieu d'une dépression; que deux fois seulement, pendant la plus longue campagne, l'horizon visuel s'est trouvé au-dessus de l'horizon rationnel.

Les marins sont obligés de prendre hauteur dans des états de la mer quelquefois très-peu favorables. La masse liquide, au lieu d'être unie, se trouve couverte de vagues mobiles, c'est-à-dire de sillons qui, par leurs crêtes, s'élèvent au-dessus de la surface gé-

---

donné pour la longitude de l'observatoire à la Baie des Îles (Nouvelle-Zélande. . . . . 171° 47′ 16″ E.
Les distances lunaires de M. Du Petit-Thouars. 171.49.40 E.
Les distances lunaires de M. Lefèbvre. . . . . 171.50.40 E.
La *Connaissance des Temps* de 1842 donne. . . 171.50.20 E.

nérale d'équilibre, de toute la quantité, ni plus, ni moins, dont les *creux* s'abaissent au-dessous de cette même surface. Quelle influence un pareil état de la mer doit-il avoir sur la position de l'horizon visible? Quand on songe que le point observé peut correspondre dans certaines directions au sommet ou au creux d'une vague; que le navire est lui-même, tantôt dans l'une et tantôt dans l'autre de ces positions extrêmes, le problème semble d'abord assez compliqué. En y réfléchissant davantage, on voit, cependant, que l'existence simultanée des creux et des protubérances liquides, ne doit pas empêcher les protubérances de former seules, définitivement, la ligne bleue où se dirige la visée de l'observateur, où il prend ses points de repère; que dès-lors l'horizon visuel devra d'autant plus s'élever que la mer sera plus grosse.

Les nombreuses observations faites à bord de la *Vénus*, confirment cet effet des vagues et en donneront la mesure. Ce sujet de recherches, malgré son importance, avait été à peine effleuré.

HYDROGRAPHIE.

Longtemps avant de partir pour sa dernière expédition, en 1819 et en 1820, M. Du Petit-Thouars avait pris une part très-honorable aux travaux hydrographiques exécutés sur les côtes occidentales de France et à une exploration des courants de la baie de la Seine. Il était donc naturel de prévoir que l'hydrographie ne serait pas négligée pendant la campagne de la *Vénus*.

Lorsque le commandant de cette frégate choisissait pour collaborateur, M. de Tessan qui déjà en 1825, 1826, 1829, 1830, 1831, 1832 et 1833, concourait activement aux levés détaillés des côtes de France et de l'Algérie, il ne donnait pas une moindre garantie du soin et de l'exactitude dont toutes ses cartes, dont tous ses plans porteraient l'empreinte.

Les cartes et plans que la *Vénus* ajoutera au riche portefeuille de la marine française, sont au nombre de vingt-un, savoir :

« 1° Le plan de la baie de Valparaiso (Chili) ;

« 2° Le plan de la baie du Callao de Lima (Pérou) ;

« 3° Le plan des roches Hormigas (près du Callao de Lima) ;

« 4° Le plan de la baie d'Avatscha (Kamtschatka) ;

« 5° Le plan de la baie de Monterey (Californie) ;

« 6° Le plan de la baie de San-Francisco (Californie) ;

« 7° Le plan de l'île Guadalupa (côte de Californie) ;

« 8° Le plan des roches Alijas (côte de Californie) ;

« 9° Le plan de la baie de la Magdeleine (Basse-Californie) ;

« 10° La carte de diverses parties de la côte du Mexique (entre le cap San-Lucar et Acapulco) ;

« 11° Le plan de la baie d'Acapulco ;

« 12° Le plan de l'île de Pàques ;

« 13° La carte des îles Maz-à-Fuera et Juan Fernandez ;

« 14' La carte des îles Saint – Félix et Saint – Ambroise ;

« 15° Le plan de l'île Charles (Galapagos) ;

« 16° La carte d'une partie de l'archipel des Galapagos ;

« 17° La carte de l'archipel des Marquises de Mendoça ;

« 18° Le plan de la baie de Papeïti (île Tahiti) ;

« 19° La carte des îles Krusenstern, Tahiti, Tabouai-Manou, etc. ;

« 20° La carte des îles Hul, Mangia et Rarotonga ;

« 21° Le plan de la Baie des Iles (Nouvelle – Zélande). »

Ce travail n'est pas seulement remarquable par son étendue ; l'exactitude en fait le principal mérite. MM. Du Petit-Thouars et Tessan, à qui la géographie le doit, ont constamment suivi les meilleures méthodes : celles dont l'hydrographie française donna l'exemple pendant l'expédition de d'Entrecasteaux et qui depuis servent de règle à tous les ingénieurs pénétrés des exigences, des devoirs rigoureux de leur noble profession. M. de Tessan exécutait les triangulations et levait les détails. M. Du Petit-Thouars s'était réservé l'opération délicate, minutieuse des sondes. Celui de vos commissaires à qui l'obligation est échue d'examiner plus particulièrement les nombreuses données recueillies par la *Vénus*, n'hésite pas à leur attribuer une précision supérieure à celle qu'on avait remarquée dans les résultats hydrographiques de plusieurs voyages récents.

Un supplément aux Instructions nautiques rédigées pour la *Bonite*, invitait les officiers de ce navire à prendre des vues, développées sous forme de panoramas, des points les plus remarquables des côtes qu'ils longeraient. M. de Tessan doit être remercié de n'avoir pas oublié cette recommandation de l'Académie. Les vues dont il va enrichir le dépôt des cartes et plans de la Marine, sont des données presque immuables que les géographes, les hydrographes et les navigateurs pourront souvent consulter avec beaucoup d'avantage.

Marées.

Des navigateurs, physiciens et astronomes, ne pouvaient oublier d'observer les marées. Le tableau, ci-joint, de l'heure de l'établissement et de l'unité de hauteur dans quinze ports différents, sera éminemment utile aux marins qui visitent la côte occidentale d'Amérique et les archipels de la Polynésie. Le problème des influences locales s'y présente d'ailleurs totalement dégagé d'une foule de circonstances auxquelles les bras de mer resserrés, sinueux, compris entre la France et l'Angleterre, ont peut-être fait attribuer un rôle trop prépondérant.

NOMS DES LIEUX.	HEURES DE L'ÉTABLISSEMENT.	UNITÉ DE HAUTEUR.
Petropauloskoy.................	3ʰ 54ᵐ	0,46
Monterey......................	9ʰ 52ᵐ	0,98
Baie de la magdeleine...........	7 3⁷	1,38
Acapulco.......................	3 5	0,32
Ile Charles (Galapagos)........	3 19	0,89
Payta..........................	3 18	0,89
Callao de Lima.................	6 0	0,38
Valparaiso.....................	9 40	0,79
Honoloulou (Sandwich).........	3ʰ 35ᵐ	0,29
Baie de la Résolution (Marquises)..	5 7	0,92
Baie de Papëïti (Tahiti)..........	de 1 à 2 h toutes les jours	0,14
Baie des Iles (Nouvelle-Zélande)...	7ʰ 40ᵐ	1,02
Port Jackson (Nouvelle-Hollande).	9 0	0,93
False-Bay(Cap de Bonne-Espérance)	3 10	0,85
Rio-Janeiro....................	2 30	0,52

Après avoir vu, à l'aide de ce tableau, que la mer
monte quatre fois moins à Acapulco qu'à la Magdeleine,
et remarqué les différences de deux heures et quart,
de quatre heures et demie entre les heures des marées
dans des ports peu éloignés les uns des autres et situés
sur une côte où l'Océan peut cependant se développer
en toute liberté; après avoir pris note de l'intervalle
d'environ trois heures, qui s'écoule depuis le moment
de la haute mer à Payta jusqu'au moment de la haute
mer au Callao, personne ne pourra soutenir que
la question des marées soit épuisée; qu'il ne reste
pas encore beaucoup à faire pour décider de quelle
manière des obstacles invisibles, de quelle manière
les inégalités du fond de la mer agissent sur une
vitesse de propagation des vagues et sur leur hau-

teur. Dans le siècle où nous vivons, poser une question scientifique avec netteté, c'est la résoudre à moitié.

Observations barométriques.

Les journaux de la frégate offriront aux physiciens des observations de la pression atmosphérique, faites en mer, d'heure en heure, de jour comme de nuit, pendant près de deux ans et demi. Les observations barométriques sont très-difficiles dans certains états de la mer. On ne peut guerre alors arriver à quelque exactitude qu'à force d'attention ou par des moyennes. Nous avons cru un moment que cette dernière ressource ne manquerait pas à ceux qui discuteront les registres de la *Vénus*. Ils y trouveront, en effet, trois suites de hauteurs barométriques simultanées, obtenues avec trois instruments différents : un baromètre à colonne très-étranglée, dit *baromètre marin*, construit par Lerebours, et qui a bien fonctionné pendant toute la durée de la campagne; un autre baromètre ordinaire et un sympiésomètre. Malheureusement ces deux derniers instruments s'étant trouvés dépourvus de suspensions à la Cardan, furent invariablement arrêtés à des supports situés dans la batterie. Ils devaient donc suivre les oscillations du navire; s'incliner plus ou moins suivant ses allures, s'incliner de quantités inconnues, en sorte que leurs indications exigeraient des corrections sans cesse différentes, et qui, aujourd'hui d'ailleurs, ne pourraient être calculées.

L'examen attentif que nous avons fait des observations du *baromètre marin suspendu*, nous autorise à penser qu'elles serviront très-utilement à lever les doutes qu'on a encore sur la valeur de la période diurne barométrique *en pleine mer;* sur la manière dont cette oscillation varie avec la latitude, quand l'atmosphère ne subit pas, toutes les vingt-quatre heures, d'aussi grands changements de température que les atsmosphères continentales.

La frégate, comme on l'a vu quand nous tracions son itinéraire, a successivement sillonné les régions de l'Océan les plus éloignées. Les observations barométriques y ont toujours été faites avec les mêmes instruments. Il est donc à peu près certain qu'elles fourniront de nouvelles données touchant les zones, en certains lieux assez circonscrites, où le mercure se soutient constamment au-dessus, ou constamment au-dessous de la hauteur moyenne générale. Ces différences, aujourd'hui bien constatées, mais dont jadis les physiciens n'auraient pas même voulu admettre la possibilité, doivent être étudiées avec d'autant plus d'intérêt, qu'elles ont sans doute une certaine part à la production des inextricables courants de l'atmosphère et de l'Océan. Si l'on se rappelle l'influence que M. Daussy a si bien établie de l'état du baromètre sur la hauteur des marées, la manière dont nous venons d'envisager les observations barométriques de la *Vé-*

nus, fixera certainement l'attention de ceux qui seront appelés à les discuter.

Sur la proposition de Laplace, l'Académie chargea, il y a quelques années, une commission nombreuse de déterminer avec toute la précision possible, diverses quantités, peut-être graduellement variables, qui jouent un rôle capital dans la physique du globe. Il s'agissait, par exemple, de refaire l'analyse de l'air atmosphérique, sous un grand nombre de latitudes, en mer, au milieu des continents et à toutes sortes d'élévations ; de tracer, pour l'époque actuelle, la forme exacte des lignes *isothermes ;* de soumettre à une discussion approfondie la loi du décroissement de la température atmosphérique suivant la hauteur, et, au besoin, d'entreprendre de nouveaux voyages aérostatiques ; d'apprécier, par des expériences susceptibles d'être en tout temps identiquement reproduites, la puissance éclairante et la puissance calorifique du soleil ; de mesurer, dans un certain nombre de stations convenablement choisies, les éléments du magnétisme terrestre, y compris l'intensité absolue de la force mystérieuse qui en chaque lieu maîtrise l'aiguille d'inclinaison, etc., etc. La commission, comme chacun doit le présumer en voyant l'immensité du programme, n'a pas encore fait son rapport ; elle ne s'est même réunie qu'une fois et dans la vue de répartir les questions à résoudre entre ses divers membres. Celui qui a été chargé de déterminer, jusqu'à une petite fraction de millimètre, la hauteur moyenne du baromètre au niveau de l'Océan et sous diverses latitudes, s'empresse

b

de reconnaître que les observations faites à terre pendant le voyage de la *Vénus*, complètent entièrement les nombreux documents qu'il avait déjà réunis. Dès ce moment on pourra fixer avec précision, pour la première moitié du xix⁰ siècle, les valeurs absolues de la pression atmosphérique, dans nos climats et dans les régions équinoxiales ; tenir compte de l'influence considérable qu'exercent sur cet élément les vents de diverses régions ; donner, enfin, à nos successeurs les moyens de reconnaître si les absorptions et les dégagements de gaz que la chimie a étudiés, se balancent exactement, ou si, au contraire, l'atmosphère terrestre finira dans la suite des siècles par s'épuiser. Des tableaux où sont consignés les résultats d'une foule de déterminations, toutes obtenues avec des baromètres comparés au départ et au retour, seront prochainement mis sous les yeux de l'Académie. On pourra alors apprécier la large place qui revient aux observations empruntées aux journaux météorologiques de la *Vénus*.

Observations du thermomètre.

Pendant toute la durée du voyage de la *Vénus*, c'est-à-dire depuis le 1ᵉʳ janvier 1837, jusqu'au 20 avril 1839, on a tenu à bord de cette frégate, d'heure en heure, de jour comme de nuit, une note exacte, de la température de l'atmosphère et de la température de la mer. Les originaux de ces observations sont contenus dans vingt-cinq cahiers, où les collaborateurs de

M. Du Petit-Thouars ont trouvé les bases des tableaux qui seront pour la physique du globe une très-précieuse, une très-importante acquisition. Nous devons remarquer, cependant, que ces journaux météorologiques, suffisamment détaillés, peut-être, s'ils devaient toujours rester dans les mains de ceux qui ont exécuté ou dirigé le travail, laisseraient quelque chose à désirer quand une personne étrangère au voyage recevrait la mission de les discuter. Nos navigateurs, en général, se sont trop fiés à leur mémoire. Il manque dans les nombreux registres mis sous les yeux de la Commission, une foule de détails sur la place des instruments, sur la manière de les observer, sur les erreurs de graduation déterminées d'après des étalons authentiques, etc., etc. Nous savons bien, car nous nous en sommes assurés, que ces lacunes seront comblées, pour la plupart, en recourant aux souvenirs des officiers de la frégate, en feuilletant les journaux personnels, en consultant jusqu'aux *agenda ;* mais nous savons aussi que rien ne peut suppléer complétement aux notes prises et transcrites sur place. Puissent ces remarques convaincre l'administration de la Marine, de la nécessité de pourvoir les bâtiments de l'État, de types imprimés, uniformes, où les officiers trouveront, toutes tracées d'avance, les cases où il faudra inscrire les résultats numériques de chaque observation et les quelques mots destinés à en faire apprécier l'exactitude.

Depuis la publication des Instructions que l'Académie remit à la *Bonite*, les physiciens se sont gé-

néralement accordés sur l'importance des observations
météorologiques faites dans le voisinage de l'équateur,
loin des continents et loin des grandes îles. Ils ont surtout considéré qu'entre les tropiques et en pleine mer,
la température de l'eau de l'Océan varie peu ; que la
moyenne température déduite de trois ou quatre pas-
sages de la ligne, que la moyenne déduite de dix,
douze ou vingt observations analogues, faites, sans
choix, entre 10° de latitude nord et 10° de latitude
sud, est partout la même à une fraction de degré près ;
qu'on peut ainsi attaquer avec succès une question capitale restée jusqu'ici indécise : la question de la cons-
tance des températures terrestres, sans avoir à s'in-
quiéter des influences locales, naturellement fort
circonscrites, provenant du déboisement des plaines
et des montagnes, des changements de culture, du
desséchement des lacs et des marais, etc., etc. ; que
chaque siècle, en léguant aux siècles futurs quelques
chiffres bien faciles à obtenir, leur donnera le moyen,
peut-être le plus simple, le plus exact, le plus direct
de décider si le soleil, aujourd'hui source première,
aujourd'hui source à peu près exclusive de la chaleur
de notre globe, change de constitution physique et
d'éclat comme la plupart des étoiles, ou si, au contraire, cet astre est arrivé, sous ce double rapport, à un
état permanent. Les observations de la *Vénus*, loin
de contrarier les vues que nous venons de rappeler,
ne feront que les fortifier. D'un premier coup d'œil
jeté sur les tableaux, nous avons déduit, par exemple, pour la température moyenne de la région de

l'Atlantique voisine de l'équateur, à midi, dans le mois
de janvier 1837. . . . .   26°,6 centigr.,
et pour le mois de mai 1839. . . . .   26°,8.

L'Océan Pacifique nous a donné,
pour la région équatoriale correspon-
dante à 130° de longitude occidentale, dans le mois de juin 1837. . .   26°,9;
et dans un méridien plus rapproché
de celui de l'archipel des Galapagos,
dans le mois de février 1839. . . .   26°,9.

Températures sous-marines.

Il y a déjà bien longtemps qu'on s'est avisé de
rechercher quelle température marquent les eaux de la
mer à de grandes profondeurs. La Méditerranée,
l'Atlantique, la mer Pacifique, les régions équatoriales, les régions polaires ont été et sont encore,
tour à tour, le théâtre de sondes thermométriques
exécutées avec les plus grandes précautions, et dont
la science a toujours soin d'enregistrer les résultats.
Le contingent qu'apporte aujourd'ui la *Vénus* occu-
pera, parmi toutes ces richesses, une place distinguée,
à cause du nombre, de l'exactitude des observations et
de l'immense échelle de profondeurs qu'elles com-
prennent.

En tenant note seulement des expériences qui ont
réussi, qui ont conduit à un chiffre entouré de toutes
les garanties désirables, nous en avons compté dans
les journaux de la *Vénus* jusqu'à *quarante-cinq.*

Ces expériences embrassent l'espace qui s'étend du 52me degré de latitude nord au 60me degré de latitude sud ; de 22 à 180° de longitude occidentale, de 5 à 176° de longitude orientale. L'échelle des profondeurs verticales varie entre 30 et 1150 brasses. Quand la sonde descendit à plus de 2000 brasses, quand l'étui en cuivre qui renfermait le thermométrographe eut à subir des pressions de 3 à 400 atmosphères, étui et instruments revinrent à la surface entièrement brisés.

Ce n'est pas ici le lieu de discuter en détail ces précieuses observations de températures sous-marines. Nous nous contenterons d'en extraire quelques chiffres qui semblent de nature à faire apprécier ou, tout au moins, à faire pressentir la place qu'elles occuperont dans la science.

Les sondes faites à bords de la *Vénus* ont souvent donné pour température de la mer à de grandes profondeurs, dans les régions tempérées et intertropicales, des nombres aussi petits que $+3°,6$ centigrades, $+3°,2$; $+3°,0$; $+2°,8$ et $+2°,5$, quand la surface marquait de 26 à 27°.

S'il s'est glissé des erreurs dans ces déterminations, elles ont dû être toutes positives, comme il est facile de s'en convaincre. Les chiffres vrais ne peuvent, en aucun cas, surpasser ceux que nous venons de citer. Il faut donc espérer que le fameux nombre $+4°,4$, si étourdiment emprunté aux observations comparatives faites à la surface et au fond des lacs d'*eau douce* de Suisse, cessera de paraître dans des dissertations *ex professo*, comme la limite au-dessous de laquelle la température du fond des mers ne saurait jamais descendre.

Ceux-là se tromperaient beaucoup qui imagineraient que plusieurs degrés de plus ou de moins dans la détermination des températures sous-marines, n'ont aucune importance. Ces quelques degrés peuvent porter le dernier coup à la théorie suivant laquelle les eaux froides du fond des mers, même sous l'équateur, ne seraient autre chose que les eaux correspondantes de la surface, refroidies d'abord par voie de de rayonnement ou d'évaporation, et précipitées ensuite à raison de leur excès de pesanteur spécifique. On voit, par exemple, qu'on ne pourrait soutenir aujourd'hui la théorie dont nous venons de parler, sans douer en même temps le rayonnement ou l'évaporation, dans les régions intertropicales, de la faculté d'abaisser la température de la mer, au moins de 26°,8 diminué de 2°,5 ou de 24°,3, ce qui paraîtra à tous les physiciens un résultat inadmissible.

Nous voilà ramenés, par la puissance des chiffres, à la conclusion que les phénomènes thermométriques de la Méditerranée nous avaient imposée dans une autre circonstance; nous voilà encore forcés d'admettre l'existence de courants sous-marins qui transportent jusqu'à l'équateur les eaux inférieures des mers glaciales.

Mais dans les mers glaciales, il ne manque pas de régions, du moins à en juger par des expériences faites entre le Groënland, le Spitzberg et l'Islande, où la température du fond surpasse les 2°,5 que les observateurs de la *Vénus* ont trouvés au fond des mers tempérées. Qui ne voit déjà que de semblables comparaisons, quand elles seront suffisamment multipliées, donneront des indications utiles sur une chose qui semblait devoir nous rester à jamais inconnue : la direction des courants dont tout le mouvement s'opère dans les plus grandes profondeurs de l'Océan ?

Voici les principales températures sous-marines déterminées pendant le voyage de la *Vénus* :

DATES.	LATITUDE.	LONGITUDE.	PARAGES.	PROFOND. en brasses.	TEMPÉRAT. à cette profondeur.	TEMPÉRAT. à la surface.
1837.						
26 février.	38°19′ S.	56° 0′ O.	Océan Atlantique par le travers de la Plata	570	5°0	16°8
5 mars.	45.58 S.	63.30 O.	Océan Atlantique au nord des îles Malouines	70	5,3	14,0
				40	5,8	14,3
				50	9,0	14,8
16 avril.	63.47 S.	81.26 O.	Océan Pacifique par le travers de Chiloe	500	5,2	13,9
24 avril.	53.26 S.	74.95 O.	Océan Pacifique près de Valparaiso	1100	4,1	13,0
22 mai.	15.50 S.	79. 1 O.	Océan Pacifique près de Pisco	160	2,5	19,6
25 mai.	12.59 S.	79.97 O.	Id. Id.	130	9,5	18,5
9 juillet.	41. 6 N.	58.19 O.	Océan Pacifique près des îles Sandwich	128	13,0	19,9
13 août.	41.42 N.	60.52 E.	Océan Pacifique	100	13,2	25,0
18 septembre.	51.54 N.	159.31 E.	Océan Pacifique au sud des îles Aléutiennes . . .	170	5,1	12,0
				1080	2,5	11,7
1838.						
30 septembre.	26.55 S.	176.51 O.	Océan Pacifique au nord des îles Kermadec . . .	1000	5,6	19,5
2 octobre.	51.51 S.	174.22 E.	Océan Pacifique au nord de la Nouvelle-Zélande.	880	5,4	16,5
14 novembre.	51.57 S.	168.44 E.	Id. Id. . . .	550	6,0	17,0
19 novembre.	54.54 S.	158.52 E.	Entre le port Jackson et le Nouvelle-Zélande . .	600	6,9	18,3
1839.						
17 janvier.	45. 9 S.	129.54 E.	Au sud de la Nouvelle-Hollande.	1100	5,1	15,0
25 janvier.	59. 4 S.	191. 8 E.	Id. Id.	350	8,6	16,0
27 janvier.	56.56 S.	116.38 E.	Id. près du port du Roi-George	990	2,8	17,9
1 février.	37.41 S.	119.38 E.	Id. au sud du cap Leewin	990	5,0	16,7
11 février.	47.47 S.	98. 0 E.	Mer des Indes, à l'est de la ligne des Clacos-Marins	990	2,8	25,8
23 mars.	51.55 S.	81.10 E.	Canal de Mozambique.	1150	4,2	24,0
26 avril.	20.55 S.	8.31 E.	Océan Atlantique, près du cap de Bonne-Espérance.	1000	5,1	19,0
29 avril.	26.36 S.	5.19 E.	Id. Id.	1000	5,6	20,6
1 mai.	25.10 S.	5.39 E.	Id. Id.	900	3,0	19,6
8 mai.	15.54 S.	9. 5 O.	Id. près de Sainte-Hélène	200	12,0	25,6
24 mai.	4.23 N.	98.26 O.	Id. près du Penedo de San-Pédro. . . .	1130	3,2	27,0

Températures sur les hauts-fonds et dans les attérages.

Franklin et Jonathan Williams observèrent les premiers l'influence refroidissante que les hauts-fonds exercent ordinairement sur la température de la mer. La remarque ayant été depuis confirmée par MM. de Humboldt et John Davy, les physiciens ont cru pouvoir la généraliser. Maintenant ils tiennent pour complétement avéré que, *sans aucune exception*, l'eau est sensiblement plus froide *sur* un haut-fond qu'en pleine mer. Ils croient même que l'action des hauts-fonds se fait sentir à distance; que la marche descendante d'un thermomètre placé à la surface de l'eau, indique avec certitude le voisinage d'un de ces dangers. Le phénomène intéresse donc à un égal degré la physique et la navigation : celle-ci, à raison des indications précieuses qu'il fournirait dans des temps de brumes; la physique, en portant l'attention des observateurs sur les diverses manières dont la température des couches superficielles de l'Océan peut être troublée.

Que nous apporte la *Vénus* touchant cette question délicate?

De l'ensemble de ses observations résulte, sous certaines restrictions, une confirmation évidente du principe actuellement admis. Quand la frégate approchait de terre, toutes circonstances restant égales, l'eau de la mer diminuait de température. Quand la frégate, partant d'un port, d'une baie, faisait voile au contraire vers la haute mer, le thermomètre présentait aussi une marche inverse : il montait.

Nous donnerons à ce Rapport une valeur durable, en transcrivant ici les différences de température qui ont été observées au nord et au midi de l'équateur, soit à l'entrée de la *Vénus* dans les ports, soit à sa sortie, et cela depuis qu'elle fit voile de Brest, le 29 décembre 1836, jusqu'au 24 juin 1839, époque de son retour. Ces nombres montreront dans quelles limites il est permis d'admettre l'expression, un tant soit peu ambitieuse, de *navigation thermométrique*, proposée par *Jonathan Williams*.

« A *Brest*, l'eau de la mer marquait le même degré en rade qu'au large, et 1° de plus qu'à l'attérage ;

« A *Valparaiso*, la température du mouillage était de 4 à 5° au-dessous de la température du large ;

« Au *Callao*, la différence, dans le même sens, ne s'élevait qu'à 1°,5 ;

« A *Payta*, nos voyageurs trouvèrent jusqu'à 2° ;

« Aux *îles Galapagos*, 1° seulement ;

« A *Monterey*, 1°,5 ;

« A la baie de la Magdeleine, 1°,0 ;

« Au *Port Jackson*, 1°,5 ;

« A *False-Bay* (cap de Bonne-Espérance), les officiers de la *Vénus* observèrent, entre la baie et la haute mer, jusqu'à 4°,0 de différence. Dans ces parages le phénomène est complexe à cause du courant du banc des Agullas. »

Voici maintenant sur quels points le voisinage de la terre sembla complétement sans action sur la température des eaux :

« *Honoloulou* (Sandwich) — (très-grand fond à peu de distance de terre) ;

« *Tahiti;* — (côte à pic) ;

« *Baie d'Avatscha* (Kamtschatka) ;

« Baie des Iles (Nouvelle-Zélande) ;

« Ile Bourbon ;

« Ile Sainte-Hélène »

C'est presque autant d'exceptions qu'il y a de confirmations de la règle.

Laissons maintenant de côté les attérages et venons à un fait plus simple, à l'influence d'un banc, d'un haut-fond proprement dit.

Cette influence n'a pas toute la généralité qu'on s'est plu à lui attribuer. Les journaux de la *Vénus* en fournissent la preuve la plus convaincante. Un événement fortuit dont nous dirons un mot, s'y présente, en effet, avec tous les caractères d'exactitude d'une expérience préparée de longuemain.

Le 14 août 1838, la frégate approchait de l'archipel des Marquises. La vigie, à moitié aveuglée par la réverbération des rayons du soleil couchant sur la surface de la mer, aperçut beaucoup trop tard un large banc situé près de ces îles. La *Vénus* ne put pas changer de route assez vite ; elle franchit les accores du banc et ne se trouva bientôt que par 6 à 8 brasses de profondeur, tandis que peu d'heures auparavant, 200 brasses de ligne n'atteignaient pas le fond de la mer. Eh bien ! cet énorme changement de brassiage, n'amena aucune différence dans la température de l'eau. Les chiffres ici parlent d'eux-mêmes :

HEURES.	TEMPÉRATURE de la mer.	PROFONDEUR en brasses.	HEURES.	TEMPÉRATURE de la mer.	PROFONDEUR en brasses.
Midi.	26°6	Plus de 200	1	26°5	»
1	26,7	»	2	26,3	»
2	26,7	»	3	26,2	»
3	26,8	»	4	26,2	»
4	26,8	Plus de 200	5	26,3	»
5	26,7	»	6	26,3	»
6	26,5	6 et 8	7	26,5	»
7	26,5	»	8	26,5	»
8	26,5	Plus de 200	9	26,5	»
9	26,5	»	10	26,6	»
10	26,5	»	11	26,6	»
11	26,5	»	Midi.	26,7	Plus de 200
Minuit.	26,5	»			

Ces quelques chiffres sont la condamnation défi-
nitive des théories d'où résulte la conséquence que
l'eau *doit toujours* être plus froide sur un banc qu'en
pleine mer. Ils ne laissent de place qu'aux explications
plus modestes : à celles qui prétendent seulement établir qu'un refroidissement est la conséquence *ordinaire*
du voisinage d'un banc, mais que certaines causes peuvent masquer ce premier effet.

Température des sources.

On sait bien aujourd'hui qu'il ne faut pas prendre
aveuglément la température d'une source pour la température moyenne de la localité où elle perce la surface de la terre, où elle vient au jour. Si la source a
son origine à de grandes profondeurs, elle est inévita-
blement thermale. Plaçons, au contraire, cette origine
vers la sommité de quelque montagne voisine, et nous
verrons probablement sourdre l'eau à un degré du

thermomètre peu élevé. Toutefois, on se tromperait beaucoup en concluant de là que les observations des températures des fontaines, des puits, n'ont plus aucune valeur en météorologie. Ces observations, convenablement rapprochées des circonstances géographiques et géologiques qui peuvent exercer de l'influence, convenablement discutées, enfin, doivent contribuer au progrès des sciences. Les observations de ce genre que les officiers de la *Vénus* ont faites, sont certainement une excellente acquisition.

Parmi ces observations, nous remarquons :

A Rio-Janeiro (latitude 22° 54′ S.),

« Celle d'un puits, dans l'île de Villegagnon, à 4 mètres de profondeur avec ⅓ de mètre d'eau ; le 5 février 1837, vers 8 heures du matin, on trouva . . . . 23°,0 centigr. ;

« La température d'une source assez abondante et bien abritée, près du village de Saint-Domingue, le 14 février, vers 8 heures du matin, était. . . . . 23°,2 ;

« La température de l'eau de l'aqueduc de Sainte-Thérèse, un peu au-dessous du couvent de ce nom, le 15 février, était. . . . . 23°,5.

Tous ces nombres seraient bien faibles, si l'on jugeait de la température de Rio-Janeiro, par celle de la Havane, que Ferrer a fixée à + 25°,6.

Callao de Lima (latitude 12° 3 S.).

La différence, toujours dans le même sens, entre la température moyenne de l'air et la température des sources, serait bien plus tranchée encore au Callao de Lima, si le climat dépendait exclusivement de la latitude.

« Le 16 mai 1838, nos voyageurs trouvèrent que deux sources assez abondantes, sortant de terre à mi-falaise entre le Callao et Moro-Solar, marquaient l'une et l'autre.... .... + 21,8, là où l'on aurait dû s'attendre à trouver environ 26°.

Papeiti (Tahiti. Latit. 17°32′ S.).

« Source très-forte, sortant de la colline au sud de la ville, le 11 septembre 1838, à midi ..... +24°,8.
à 6ʰ du soir. +24°,8.

Payta (latit. 5°7′ S.).

« La température de la terre, dans une case, à $\frac{2}{5}$ de mètre de profondeur, par une moyenne de dix observations faites de 3ʰ en 3ʰ, était, les 15 et 16 juin 1838, de.......................... + 25°2.

Si l'on rapproche ces diverses observations de celles que le capitaine Tuckey fit en 1816, et qui lui donnèrent pour la température d'une source située sur le bord du Zaïre, à 5° de latitude sud, + 22°,8 seulement; si l'on se rappelle, en outre, que + 27°5 sont généralement considérés comme la température moyenne des régions équatoriales, on restera de plus en plus convaincu que dans ces régions, il y a une cause particulière qui maintient les sources un peu au-dessous de la température moyenne du lieu.

Iles Sandwich (latitude, 21°18′ N.).

« A la capitale de Wahou, à Honoloulou, la température de l'eau du puits de la Mission catholique était, le 13 juillet, vers 6ʰ du soir........... : + 24°,3.

A Valparaiso (latitude, 33°2 S.).

« Source assez abondante, dans une *quebrada*, près du vieux port San-Antonio, le 28 mars 1838, vers 1ʰ du soir........ .... + 16°,6.

« Autre nappe provenant de diverses sources, le 5 mars 1837, à 3ʰ du soir..... + 17°,1.

« L'eau de l'aiguade, à l'Almandral, le 4 mai 1837, vers 1ʰ du soir............. + .17°,0.

Monterey (latitude, 36°36 N.).

« Faible source, près de la pointe Pinos, le 4 novembre 1837...................... + 16°,2.

Idem,   au sud de la ville, le 6 novembre 1837.................... + 16°,0.

San-Francisco (latitude, 37°50 N.).

« Source très-faible, près du rivage, le 31 octobre 1837............................ + 17°,1.

Idem,   plus élevée........ + 16°,3.

Idem,   *Idem*.......... + 16°,3.

Les observations de Monterey et de San-Francisco, comparées à celles de Valparaiso, ne paraissent certainement pas indiquer que, par des latitudes modérées, sur la côte orientale de l'Amérique, la température des régions situées au nord de l'équateur surpasse celle des régions situées au midi. Ces mêmes observations, rapprochées de celles des Etats-Unis, sont une nouvelle preuve de l'extrême dissemblance qu'il y a, sous le rapport du climat, entre la côte orientale et la côte occidentale de l'Amérique du nord.

La campagne de la *Vénus* n'a pas été favorisée par le hasard, sous le point de vue des phénomènes de lumière atmosphérique qui sont aujourd'hui rangés dans la météorologie. Pendant les trente mois qu'a duré le voyage, de nombreux observateurs, dont plusieurs étaient constamment en station sur le pont de la frégate, n'ont vu que :

« *Trois aurores polaires :* deux boréales et une australe ;

« Aucun halo ne s'est offert à eux sous une forme elliptique ;

« Aucun arc-en-ciel n'a paru s'écarter des règles communes ;

« Aucune particularité saillante n'a distingué les apparitions de la lumière zodiacale de celles que d'autres voyageurs avaient anciennement décrites ;

« Aucune averse extraordinaire d'étoiles filantes n'a eu lieu, même aux époques qui depuis quelques années ont été recommandées à l'attention du public, etc., etc. »

On aurait tort néanmoins de conclure de là que désormais ces questions ne devront plus figurer dans les instructions remises aux navigateurs.

Il est certain que les halos *semblent* quelquefois elliptiques. Si *des mesures* montrent que c'est une pure illusion, tout sera dit. Supposons, au contraire, que l'ellipticité soit réelle : alors il faudra étudier l'influence de la température des prismes flottants de glace sur lesquels le halo paraît se former; il faudra rechercher si les parties supérieures et inférieures de la courbe étant engendrées par des prismes diversement élevés dans l'atmosphère, par des prismes qui dès-lors doivent avoir des températures dissemblables, la différence de réfraction de ces prismes peut expliquer l'inégalité observée des diamètres du halo. En cas d'insuffisance de cette cause, on étudiera les effets de la couche d'humidité, probablement prismatique, dont se couvrent sans doute en descendant à travers l'atmosphère, les glaçons, prismatiques eux-mêmes, dans lesquels, depuis Mariotte et depuis des observations de polarisation récentes, il semble en tout cas difficile de ne pas voir la cause générale du phénomène. Ajoutons que des mesures exactes de halos, fussent-ils circulaires, que ces mesures faites spécialement entre les tropiques, seront toujours une donnée météorologique importante.

La série d'arcs secondaires, principalement rouges et verts, dont le premier arc-en-ciel est bordé intérieurement, paraît avoir pour cause, d'après la théorie et d'après l'expérience, des gouttes d'eau sphériques de très-petites dimensions. Si dans quelques régions du globe les arcs secondaires manquent toujours, il faudra en conclure que, toujours aussi, la pluie s'y détache des nuages à un état de grosseur inusité, assignable d'ailleurs par le calcul.

Tel paraît être le cas dans les régions équatoriales; car les registres manuscrits que M. d'Abbadie, en partant pour l'Abyssinie, a déposés dans les mains d'un de nous, renferment ce passage :

« *Olinde* (Brésil), le 8 mars. Peu de temps après le « lever du soleil, j'ai observé un *bel arc-en-ciel* par « une pluie d'une extrême finesse. Je n'y ai point « aperçu d'arcs supplémentaires, pas plus que dans « cinq autres arcs-en-ciel que j'ai vu dans les régions « équinoxiales.—9 *mars*, 7 heures et demie du matin. « Bel arc-en-ciel. Absence complète d'arcs supplé- « mentaires. »

Les observations faites pendant la campagne de la *Vénus*, confirment, plutôt qu'elles ne contredisent, les remarques de M. d'Abbadie. Toutefois, comme il s'agit ici d'un phénomène peu apparent et dont les couleurs, pour qui n'est pas bien averti, semblent se confondre avec celles du premier arc-en-ciel ordinaire, il est prudent d'en appeler à un plus ample informé. Il nous semble qu'on hâterait beaucoup la solution de ce curieux problème de météorologie optique, en publiant une *figure coloriée* de l'arc-en-ciel principal et des couleurs périodiques qui le bordent intérieurement. Nous prendrons la liberté de rappeler cette remarque à l'Académie, si jamais elle se décide à réunir, en un seul volume les instructions éparses, qu'elle a données à diverses époques.

La lumière zodiacale a été observée pendant la campagne de la *Vénus :*

« Le 7 janvier 1837, de 7 à 8ʰ du soir (latit. 31°43′ N., longit. 17°22′ O.).

Son sommet ne paraissait s'éloigner du soleil que de 70°.

« Le 11 mai 1838, à 7ʰ du soir (latit. 12°4′ S., longit. 79°33′ O.). Elle était très-belle, très-apparente.

La distance de sa pointe au soleil était de 110°.

« Le 14 et le 15 septembre 1838, le soir (latit. 17°32′ S., longit. 151°54′ O.). La lumière se voyait bien.

Sa distance au soleil était de 63°.

« Le 7 et le 8 octobre, 8ʰ du soir (latit. 33° S., longit. 174° E.). Le ciel et l'horizon *d'une pureté extraordinaire.*

La distance de la pointe du phénomène au soleil n'est que de 57°. »

On voit que la moindre longueur a correspondu au *ciel d'une pureté extraordinaire.* N'est-ce pas une confirmation de cette assertion de Cassini, peu admise jusqu'ici à cause des éternels changements des atmosphères d'Europe, qu'en peu de jours la longueur du phénomène peut varier de 69 à 100° ?

COURANTS.

Un voyage pendant lequel on a pu si souvent comparer la position de la frégate, déduite d'observations astronomiques, à celle qui lui était assignée par *l'estime,* donnera, sur la direction et sur la vitesse des

courants, une multitude de résultats précieux ; mais
ce n'est pas seulement de cette manière que la *Vénus*
aura contribué à l'avancement d'une branche de l'art
nautique dont l'imperfection saute aux yeux de tout le
monde, même quand on la considère comme une
simple collection de faits, et qui, d'autre part, n'offre
presque rien de bien établi sous le point de vue théo-
rique. Des observations de la température de la mer,
faites d'heure en heure, de jour comme de nuit, pendant trente mois consécutifs, ne manqueront pas de
nous éclairer sur le cours de plusieurs de ces mysté-
rieuses rivières d'eau chaude et d'eau froide qui sillonnent la surface des mers.

Par exemple, il a été souvent question dans cette
enceinte, de l'immense courant d'eau froide qui, venant de l'océan Antarctique, rencontre la côte occidentale de l'Amérique vers le parallèle de Chiloë, re-
monte ensuite le long des côtes du Chili et du Pérou,
avec l'empreinte tellement manifeste d'une basse température empruntée aux régions polaires, que dans le
port de *Lima* (au *Callao*), les Espagnols, peu de temps
après la conquête de l'Amérique, reconnurent déjà que
pour rafraîchir leurs boissons, il fallait les plonger dans
l'eau de la mer.

Les limites de ce courant n'ont pas encore été
tracées avec toute la précision désirable. Sur certaines
cartes, nous les trouvons notablement au nord de
l'équateur ; sur d'autres, elles restent tout entières dans
l'hémisphère austral ; il en est, enfin, qui font de l'équateur lui-même la limite où les eaux froides s'arrêtent.

Ces doutes nous semblent devoir être dissipés à l'aide des nombreuses observations de tout genre que la *Vénus* a recueillies : notamment en 1837, dans les traversées successives de Chiloë à Valparaiso, de Valparaiso à Lima, de Lima aux îles Sandwich ; en 1838, dans les voyages d'Acapulco à Valparaiso ; de Valparaiso au Callao, suivant une route différente de celle que la frégate parcourut l'année précédente ; enfin, dans la traversée du Callao à Payta et, surtout, pendant l'exploration des Galapagos. Déjà, en jetant un simple coup d'œil sur les registres de l'expédition, nous apercevons le 15 juillet 1838, une observation de la température de la mer, faite *sous l'équateur même* et par 94° de longitude occidentale, qui donne seulement 23°,0 centigrades, lorsque, sans la présence du fleuve d'eau froide, on aurait certainement trouvé 4° de plus. Le 16 et le 17 du même mois, cette température s'était encore abaissée : l'eau ne marquait que 22°,4 et 22°,8 ; mais le 17, la *Vénus* naviguait par 1°½ de latitude sud.

La traversée, de 1837, de Lima aux îles Sandwich s'opéra, à fort peu près, pendant les quinze premiers jours, dans la direction d'un parallèle de latitude. En suivant de l'œil les températures sur les tableaux numériques, on les voit croître avec une grande régularité. Ce voyage donnera donc la largeur exacte du courant, en tant du moins qu'on voudra le définir par l'anomalie de sa température.

Un courant d'eau froide ne semble pas pouvoir être, dans les mers tempérées, un courant superficiel.

Si l'eau froide n'existait qu'à la surface, elle se serait bientôt précipitée vers le fond en vertu de son excès de pesanteur spécifique.

Ce raisonnement est d'une évidence incontestable. Toutefois, oserons-nous l'avouer, nous avons interrogé l'expérience pour nous assurer que les choses se passent réellement ainsi dans l'immense courant froid qui longe les côtes du Chili et du Pérou. L'expérience, au reste, ne nous a pas fait défaut.

Le 16 avril 1837, vers le sud-ouest de Chiloë, le temps étant parfaitement calme et la frégate sans aucune voile, on fila dans la mer une ligne de sonde de 1100 brasses de long, portant à son extrémité le plomb *suivé* ordinaire et le cylindre en cuivre du thermométrographe.

La ligne de sonde parut parfaitement verticale.

Cependant, la frégate était alors entraînée du sud au nord, avec toute la vitesse du courant superficiel au milieu duquel elle flottait. Si la ligne de sonde, si le plomb, si l'étui en cuivre du thermométrographe n'avaient pas rencontré, eux aussi, dans leur trajet et à 1100 brasses de profondeur, des couches d'eau se mouvant du sud au nord, et se mouvant ni plus ni moins à l'égal de la surface de la mer, ils auraient dans un cas devancé la *Vénus ;* dans l'autre, le plomb et l'étui seraient restés en arrière : les deux hypothèses eussent également rendu la corde inclinée.

Le courant chilien ne doit donc plus être considéré comme une simple rivière superficielle d'eau froide. Il est produit par une section considérable des mers polaires, marchant majestueusement du sud au nord. La masse liquide qui s'avance ainsi à la rencontre de la ligne équinoxiale, n'a pas moins de 1780 mètres de profondeur.

Ce beau résultat ne doit pas étonner. Plus on étudie de près les phénomènes naturels, plus ils acquièrent d'importance et de grandeur.

En examinant avec attention, dans le tableau de la page 25, la sonde thermométrique faite le 23 mars 1839, à l'ouvert du canal de Mozambique, peut-être trouvera-t-on que la température observée à 900 brasses entraîne la conséquence que le *courant chaud* de ces régions est aussi un courant de masse.

Il nous a paru curieux d'examiner comment, à diverses distances des régions antarctiques, se distribue la température dans l'immense masse liquide froide dont nous venons d'étudier la marche. Nous avons eu la satisfaction de trouver dans les registres de la *Vénus*, deux séries d'observations qui, fortuitement, se prêtaient assez bien à cette recherche.

Pendant la première, faite en plein courant, au sud-ouest de Chiloë, le thermométrographe donna ·

A la surface de la mer. . . . . $+ 13^{\circ},0$;

A 500 brasses. . . . . $+ 4^{\circ},1$;

A 1100 brasses (sans fond). . $+ 2^{\circ},3$.

Plus tard, près de Pisco, *au sud* de Lima, dans une région où, sans le moindre doute, le même courant existe aussi,

La mer, à la surface était à. . $+ 19^{\circ},1$;

A 130 brasses on trouva. . . . $+ 13^{\circ},1$.

Ainsi, dans le trajet entre Chiloë et Pisco, l'eau de la surface s'étant échauffée de 6°,1, celle de 130 brasses, comme on peut le déduire d'une partie proportionnelle, n'avait gagné que 2°,4.

Au reste, plus cette augmentation dans la température de l'eau profonde serait petite, et plus on en donnerait aisément l'explication.

On ne connaissait jusqu'ici dans la vaste étendue des mers, que trois *grands* courants à températures anomales, savoir :

« Le courant froid que nous venons d'étudier, mais dont une branche, après s'être repliée vers l'île de Chiloë, longe la côte de l'Amérique en marchant du nord au sud, et double le cap Horn avec une température qui là est *relativement*, chaude ;

« Le *Gulph-Stream*, si bien connu de tous les navigateurs ;

« Enfin, le courant chaud qui longe le banc des Agullas, près du cap de Bonne-Espérance. »

La *Vénus* n'aurait-elle pas découvert un quatrième de ces courants, à température chaude, dans le sud-sud-est de la terre de *Van-Diémen ?* Il est certain, d'après les observations suivantes, qu'entre le 6 et le 9 janvier 1839 ; que particulièrement le 7 et le 8, la frégate traversa une rivière chaude. Cette rivière a-t-elle la permanence des trois courants que nous avons déjà cités ? Ce sera aux navigateurs futurs à le décider.

| HEURES. | JANVIER 1839. | | | |
	Le 6. Lat. 45°56'S. Long. 146.30 E	Le 7. Lat. 45°16'S. Long 146. 0 E.	Le 9. Lat. 44°30'S. Long 144.19 E.	Le 9. Lat. 46°3'S Long. 143.16 E
Midi.	10°3	10°4	12°0	11°3
1	11,0	11,5	12,4	10,9
2	11,0	12,0	12,7	11,5
3	11,0	12,6	13,0	10,0
4	10,7	13,5	13,3	9,8
5	10,6	14,0	13,2	9,8
6	10,5	14,0	13,0	9,5
7	10,5	14,0	13,0	9,6
8	10,5	14,0	13,0	9,6
9	10,2	14,0	13,0	9,6
10	10,2	13,8	12,8	9,5
11	10,0	13,8	12,8	9,5
Minuit.	9,8	13,7	12,5	9,5
1	9,6	13,7	12,0	9,8
2	9,5	13,8	11,8	9,8
3	9,3	13,7	11,5	9,8
4	9,3	13,5	11,3	10,0
5	9,5	13,2	11,5	10,2
6	9,8	13,0	11,7	10,2
7	10,0	12,8	11,9	10,2
8	10,8	12,8	12,2	10,5
9	10,0	12,5	12,0	10,2
10	10,0	12,2	11,7	9,9
11	10,0	12,0	11,5	9,9
Midi.	10,2	12,0	11,3	10,0

Observations détachées.

Hauteur des nuages.

On sait très-peu de choses sur la hauteur *ordi-naire* des nuages qui se forment au sein des atmosphères continentales et loin des montagnes; on ne sait vraiment rien sur la hauteur moyenne des nuages répandus dans les atmosphères océaniques. Les détermina-

tions de ces dernières hauteurs, faites pendant la cam-
de la *Vénus*, seront donc reçues avec satisfation par
tous les physiciens.

Deux méthodes ont été employées. Dans la première, l'observateur placé à la plus grande hauteur
possible sur le mât de la frégate, attendait qu'un petit
nuage isolé ou un bord de nuage vînt à passer dans le
vertical du soleil. A cet instant il déterminait, à l'aide
d'un instrument à réflexion, la dépression au-dessous
de l'horizon rationnel, de l'ombre portée par le nuage
sur la mer, la hauteur angulaire du nuage, la hauteur
angulaire du soleil. Le reste était du ressort du calcul.

En effet, dans le triangle rectangle formé, 1°, par
la ligne verticale abaissée de l'œil de l'observateur jusqu'à la surface de l'Océan; 2°, par la ligne visuelle
dirigée sur l'ombre du nuage; 3°, par la ligne horizontale comprise entre cette même ombre et le pied de
la verticale; dans ce triangle, disons-nous, on connaît le côté vertical et deux angles; la plus simple des
formules trigonométriques sert à en déduire l'hypoté-
nuse, c'est-à-dire la distance rectiligne de l'ombre du
nuage à l'observateur.

Considérant alors un second triangle : celui dont
les trois angles sont occupés par l'observateur, le
nuage et son ombre, chacun verra immédiatement
que l'on connaît un des côtés et deux angles. La
distance rectiligne du nuage à son ombre s'en déduira
trigonométriquement. La ligne droite sur laquelle cette
distance se mesure, rencontre la surface horizontale
des eaux sous une inclinaison presque mathématique-

ment égale à la hauteur angulaire qu'avait le soleil au
moment de l'observation ; elle est d'ailleurs l'hypoté-
nuse d'un triangle rectangle dont l'angle droit se trouve
au pied de la perpendiculaire, abaissée du nuage sur la
mer. Dans ce triangle, on connaît ainsi un côté et
deux angles. Le côté vertical de l'angle droit peut donc
être calculé ; or ce côté est précisément la hauteur
cherchée du nuage.

La seconde méthode est plus connue. Elle exige
l'observation du moment où le soleil se couche; l'observation du moment où l'astre cesse d'éclairer directement le nuage, ce qui est facile à cause du changement assez subit d'éclat qui se manifeste alors; il faut,
enfin, pour ce dernier moment, l'observation de la
hauteur angulaire et de l'azimut du nuage.

Cette seconde méthode est moins souvent appli-
cable que la première, surtout en dehors des tropiques où un horizon trouble et embrumé empêche
presque toujours d'observer le véritable coucher du
soleil. Elles doivent cependant l'une et l'autre fixer
l'attention des voyageurs, et, pour exciter davantage
à les employer, nous consignerons ici le résultat
moyen qu'elles ont donné aux officiers de la *Vénus*,
relativement aux nuages qui se forment dans la région
des alizés et qui obéissent à l'impulsion de ces vents.

Ce résultat, tant dans l'océan Atlantique qu'au
milieu de la mer du Sud, se trouva toujours compris
entre 900 et 1400 mètres. La limite extrême de 1400
mètres fut trouvée, le 20 février 1838, par 13°0' de
latitude australe et 109"3' de longitude occidentale.

Profondeur de l'Océan.

La détermination des plus grandes profondeurs de l'Océan n'a pas moins d'intérêt et d'importance que celle de la plus grande hauteur des montagnes terrestres. Les physiciens recueilleront donc précieusement les résultats de deux belles opérations exécutées pendant le voyage de la *Vénus*, l'une aux environs du *cap Horn*, l'autre près de la ligne dans l'*océan Pacifique*.

Le 5 avril 1837, par 57°0' de latitude australe et 85°7' de longitude occidentale, à 185 lieues marines dans l'ouest 8° sud du *cap Horn*, à 140 lieues des terres les plus voisines, par un calme plat et un très-beau temps, on commença, à 9ʰ du matin, à filer des lignes portant à leur extrémité : 1° le plomb ordinaire des lignes de sonde; 2° un thermométrographe de M. Bunten, enfermé dans un étui cylindrique en laiton, de 33ᵐⁱˡˡⁱ,4 de diamètre intérieur et de 15ᵐⁱˡˡⁱ,6 d'épaisseur. A 9ʰ53ᵐ on avait filé 24 lignes, faisant en tout 2500 brasses. Réduisant cette longueur à la verticale, à raison de 15° d'inclinaison moyenne déterminée sur la partie visible de la ligne, et dans la supposition d'une direction rectiligne, on trouve que le plomb était descendu à 2411 brasses, c'est-à-dire à un peu plus de 4000 mètres.

Lorsque, après un halage exécuté par soixante matelots et qui dura plus de deux heures, le plomb fut revenu à la surface, on reconnut qu'il n'avait pas touché le fond.

La mer, dans les parages en question, a donc une profondeur de plus de 4000 mètres.

La seconde opération est du 27 juin 1837. Elle correspond à un point de l'océan Pacifique situé par 4°32' de latitude boréale, et par 136°56' de longitude occidentale. Il est à 230 lieues marines au sud des îles *Bunker*. En ce point, un sondage fait avec les mêmes précautions, dans des circonstances très-favorables, c'est-à-dire par un calme plat, a donné plus de 3790 mètres pour la profondeur de l'Océan.

Ces sondes nautiques, les plus remarquables peut-être qui eussent jamais été faites, autorisent à croire que si la mer venait à se dessécher, on verrait dans son lit de vastes régions, de grandes vallées, d'immenses gouffres, tout autant abaissés au-dessous de la surface générale des continents, que les principales sommités des Alpes se trouvent placées au-dessus.

Plus grande hauteur des vagues.

Naguère, on ne savait rien de précis sur la plus grande hauteur des vagues que les tempêtes soulèvent dans l'Océan. Les Instructions de la *Bonite* tournèrent l'attention de ce côté, en même temps qu'elles signalèrent des moyens de mesure d'une exactitude très-suffisante. Depuis ce moment, il n'est plus question des vagues, vraiment prodigieuses, dont l'imagination ardente de certains navigateurs se plaisait à couvrir les mers ; la vérité a remplacé le roman : de prétendues hauteurs de 33 mètres ont été réduites aux proportions modestes de 6 à 8 mètres.

La plus haute lame qui ait assailli la *Vénus* pendant sa longue campagne, avait $7^m 5$ d'élévation, entre le creux et le sommet. Encore a-t-on consenti a donner le nom de lame au rejaillissement résultant du choc de deux vagues distinctes venant l'une sur l'autre obliquement. Les lames proprement dites n'atteignaient pas la hauteur de 7 mètres, même dans les parages du cap Horn, où elles ont, suivant tous les navigateurs, des dimensions inusitées.

C'est dans le sud de la Nouvelle-Hollande que la *Vénus* rencontra les lames, non les plus hautes, mais les plus longues. Ces plus longues lames avaient, d'après l'estime, *trois fois* les dimensions longitudinales de la frégate, ou environ 15o mètres.

Nous eussions aimé pouvoir joindre à ces intéressants résultats quelques mesures de la vitesse de propagation des vagues. Mais à bord de la *Vénus* on ne s'était pas préparé à ce genre d'observations. L'Académie consentira certainement à les comprendre dans le programme des futures expéditions.

Pluie par un ciel serein.

Les Instructions de la *Bonite* mentionnaient, d'après l'autorité de M. de Humboldt et d'après celle de M. le capitaine Beechey, un fait très-remarquable : nous voulons dire des *pluies qui tombent par des temps parfaitement sereins*. Des observations de Genève sont

venues montrer que de semblables pluies ont quelquefois lieu très-loin des tropiques. Malgré ce nouveau
témoignage, malgré la cause plausible qui a été donnée
du phénomène, malgré l'explication simple à laquelle
il conduit, de diverses apparences optiques, des physiciens éminents croient pouvoir le révoquer en doute.
Leur scepticisme se trouvera peut-être fortifié par une
circonstance que nous ne dissimulerons pas : c'est que
pendant un assez long séjour aux Galapagos, dans la
région même où M. le capitaine Beechey remarqua,
la première fois, la pluie anomale, les officiers de la
Vénus n'ont jamais rien vu de pareil, quoique les
avertissements de l'Académie eussent fortement excité
leur attention. Il ne sera donc pas inutile de joindre
aux témoignages déjà cités, celui qu'un de nous a
recueilli dans l'ouvrage d'un ancien académicien :
dans le *Voyage de Le Gentil*. A la page 635 du
tome II de cet ouvrage, on lit :

« Dans la saison des vents du sud-est, on voit sou-
« vent (à l'île de France), surtout le soir, tomber une
« pluie fine, *quoiqu'il fasse, en apparence, le plus*
« *beau temps du monde, et que les étoiles paraissent*
« *brillantes.* »

Il est bien entendu que nous ne prétendons pas,
quant à la cause, assimiler entièrement la *pluie fine* de
l'île de France, aux pluies à *très-larges gouttes* citées
par MM. de Humboldt et Beechey. Tout ce dont il s'a-
gissait ici, c'était de prouver qu'il pleut quelquefois par
un ciel serein, afin que l'insuccès des officiers de la *Vénus* ne détournât pas d'autres voyageurs de s'assurer

du fait. Quand les phénomènes sont peu apparents, il faut être prévenu et les chercher, pour les voir et surtout pour les bien observer.

Phosphorescence de la mer.

Nous extrayons le passage qu'on va lire sur la phosphorescence de la mer, du journal particulier de M. l'ingénieur-hydrographe de la *Vénus :*

« Dans False-Bay, au cap de Bonne-Espérance, nous « avons eu un exemple bien remarquable de phospho- « rescence de la mer. Le phénomène était dû à une « quantité innombrable de corpuscules sphériques, « transparents, fermes, laissant voir chacun, à la loupe, « un point noir entouré de stries également noires. « Quand on les remuait avec la main, on sentait un léger « craquement comme lorsqu'on presse de la neige. Il « y en avait tant, que l'eau était devenue comme si- « rupeuse. Un seau d'eau filtrée a laissé sur le linge, « *la moitié* de son volume de ces petits corps; l'eau « filtrée avait perdu la propriété de devenir phospho- « rescente par l'agitation, tandis que la matière laissée « sur le filtre la possédait au plus haut degré.

« Cette matière, étant restée quatorze heures dans « une cuvette, se décomposa, répandit une odeur « épouvantable de poisson pourri, et n'était plus alors « phosphorescente.

« L'éclat de la lumière était si grand, quand la mer « se brisait à la plage, que j'essayai de lire à cette « lueur, et j'y aurais probablement réussi, si les éclats

d

« de lumière eussent été de plus longue durée, malgré
« les cinquante pas qui me séparaient de la plage. »

Couleur de la mer.

Les navigateurs ont depuis longtemps remarqué
la couleur olivâtre de l'Océan *aux attérages du Cal-*
lao, sur la côte du Pérou. Il restera aux observateurs
de la *Vénus* d'avoir constaté que dans ces parages l'eau
n'est pas pure, qu'elle tient en suspension une matière
impalpable, verdâtre, semblable à celle qui tapisse le
fond de la mer par 13o brasses de profondeur. Cette
matière dans son état naturel est inodore; mais, quand
on la brûle, elle répand l'odeur des matières animales
en combustion. Elle laisse alors une cendre blanchâ-
tre, qui a la plus grande analogie avec la terre vé-
gétale du plateau compris entre le Callao et Moro-
Solar.

Un fait plus remarquable est le changement de couleur de la mer observé pendant la campagne de la frégate, par 21°5o′ de latitude N. et 21°54′ de longitude
O., à l'endroit même que Fraisier avait déjà signalé.
Les officiers de la *Vénus* crurent d'abord à l'existence d'un banc, mais la sonde accusa plus de 6oo
brasses.

MAGNÉTISME.

Le magnétisme terrestre est devenu un monde. Il
faudra des siècles d'observations pour éclaircir les cen-

taines de phénomènes qu'il embrasse déjà; pour les mesurer avec toute la précision requise, pour découvrir
les lois qui les régissent.

S'agit-il de la déviation, par rapport au méridien,
de l'aiguille magnétique horizontale, de la *déclinaison?* Elle est orientale à une époque, et occidentale à
une époque différente. De là l'impérieuse nécessité de
rechercher, en chaque lieu, l'amplitude de l'oscillation,
le nombre d'années qu'elle emploie à s'accomplir, la
rapidité ou la lenteur de la marche de l'aiguille vers les
extrémités et vers le milieu de sa course.

La déclinaison est sujette à une variation diurne ?
Il faut donc en déterminer la valeur pour chaque saison de l'année; assigner exactement les heures assez
dissemblables entre lesquelles s'opèrent, dans divers
mois, le mouvement oriental et le mouvement inverse;
examiner comment ces éléments changent avec la latitude et la longitude; rechercher encore si, toutes circonstances égales, les côtes orientales des continents
peuvent être rigoureusement assimilées aux côtes occidentales.

Les aurores boréales troublent notablement la marche de l'aiguille de déclinaison. Des observations qui
datent seulement d'un petit nombres d'années, ont
prouvé que les perturbations dépendantes de cette cause
se font sentir presque simultanément dans des lieux
fort éloignés les uns des autres; il reste à comparer les
observations faites au nord et au midi de l'équateur; il
reste à savoir si une aurore australe troublera les bous-
soles situées dans notre hémisphère, et réciproquement.

L'inclinaison, *l'intensité* de la force magnétique, donnent lieu à des questions non moins nombreuses, non moins variées.

En matière de magnétisme terrestre, la *Vénus* se serait bornée, pendant sa longue campagne, à planter quelques jalons, à fixer quelques points de repère destinés à guider nos successeurs, qu'elle aurait déjà bien mérité de la science; mais ce n'est pas pour l'avenir seulement que les officiers de notre frégate ont travaillé : nous nous sommes assurés, en parcourant attentivement leurs journaux, qu'ils pourront dès aujourd'hui attaquer divers problèmes dont la solution obscure, incertaine, reposait sur des bases fragiles.

Il y a un instant, nous nous demandions, par exemple, si l'oscillation diurne de l'aiguille horizontale; si le mouvement qui, le matin, transporte la pointe nord de la boussole de l'est à l'ouest, dans notre hémisphère, et de l'ouest à l'est dans l'hémisphère opposé, se faisait partout aux mêmes époques; si les heures qui correspondent aux limites extrêmes de ces oscillations; en d'autres termes, si les heures des maxima et des minima de la déclinaison sont identiques sur toute la terre. Eh bien ! nous pouvons affirmer qu'il n'en est pas ainsi : l'aiguille horizontale atteint les limites de ses excursions diurnes, à des heures différentes suivant les climats.

Il résulte d'une très-longue suite d'observations faites à Paris, que le matin, la pointe nord de l'aiguille arrive aux termes extrêmes de son mouvement oriental, de $7^h \frac{1}{2}$ à $9^h \frac{1}{2}$, suivant les saisons. Que pendant

toute l'année son mouvement occidental est largement
décidé à midi; qu'il atteint ses limites entre 1^h et 2^h, et
qu'à partir de là, l'aiguille rétrograde vers l'est jusqu'au
lendemain matin.

Sur les journaux de la *Vénus*, nous voyons au Callao, par la moyenne de 8 jours d'observations du mois
de mai, un premier temps d'arrêt de l'aiguille à $6^{h}\frac{5}{4}$ du
matin; un autre à $10^h\frac{1}{2}$; un troisième à $3^h\frac{1}{2}$. A aucune
époque de l'année, les mouvements de l'aiguille de Pa-
ris ne pourraient, sous le rapport des heures, être assi-
milés au mouvement de l'aiguille du Callao.

Si, entraînés par des vues théoriques d'ailleurs très-
plausibles, des physiciens imaginaient encore qu'une
aiguille magnétique située sur la côte orientale d'un
vaste continent, ne doit pas éprouver, quant aux heures et aux amplitudes, les mêmes variations diurnes
qu'une aiguille placée sur la côte occidentale, nous les
renverrions aux observations que la *Vénus* nous rapporte de *Petropauloskoi*, au *Kamtschatka*. Ils trou-
veraient là, dans le mois de septembre, une aiguille
dont la pointe nord marchait, le matin, vers l'est, jusqu'à 7 à 8 heures; qui, ensuite, rétrogradait vers l'ouest
et parvenait à la limite de cette seconde oscillation,
de 2 heures à 3 heures; dont, enfin, le déplacement
diurne moyen s'élevait à $9\frac{1}{2}$ minutes. Tout cela, on le
sait, eût été à peu près observé, dans le mois de septembre, sur la côte occidentale de l'Europe, par la latitude du *Kamtschatka*.

On comprend difficilement comment la chaleur so-
laire diurne peut modifier de la même manière, précisé-

ment au même degré, les propriétés magnétiques d'un hémisphère aqueux et celles d'un hémisphère solide, terrestre; mais sur la question si complexe du magnétisme du globe, nous n'en sommes pas encore à de petites objections de théorie : pendant de longues années il faudra, sans doute, se contenter de recueillir des faits.

On a soupçonné que les tremblements de terre pouvaient agir sur la marche diurne de l'aiguille aimantée, soit en déviant irrégulièrement les parties superficielles du terrain qui supportent les pieds des instruments, soit en modifiant tout à coup les courants électriques intérieurs qui, dans une certaine théorie, seraient la cause première des divers déplacements diurnes étudiés par les physiciens.

Les observations faites à *Acapulco* ne confirment pas ces conjectures. Pendant le séjour de la *Vénus* dans ce port, il y eut sur toute la côte orientale du Mexique, de fréquents tremblements de terre, et cependant la marche diurne de l'aiguille de déclinaison n'y éprouva pas de perturbations remarquables.

Les phénomènes du magnétisme terrestre sont tellement minutieux, tellement complexes, que, pour en saisir l'ensemble, on s'est vu obligé de recourir aux représentations graphiques. Parmi les courbes magnétiques dont les mappemondes et d'autres genres de cartes sont aujourd'hui surchargées, aucune n'a excité plus d'intérêt, provoqué plus d'observations et de recherches, fait naître plus de questions, que la ligne, toujours assez voisine de l'équateur terrestre, sur tous les points de laquelle l'aiguille d'inclinaison se maintient horizontale, et qu'on est convenu d'appeler l'*équateur magnétique*.

Cette courbe a été successivement l'objet de très-importantes recherches de Wilke, de M Hansten et de M. Morlet. Les observations si exactes de M. le capitaine Duperrey, ses persévérantes investigations ont valu à la science, pour l'année 1825, une détermination de l'équateur magnétique à laquelle il semble difficile de rien ajouter. Grâce à ce travail, on a aujourd'hui l'entière certitude que l'équateur de 1825 ne coïncide pas avec l'équateur de 1780 : on sait que ce dernier a marché graduellement et très-sensiblement de l'est à l'ouest. Reste maintenant à décider si le mouvement s'est opéré et s'opérera toujours d'une manière uniforme; si les irrégularités actuelles de figure se conserveront intactes, quand la suite des années transportera dans l'intérieur des terres la partie océanique de la courbe, et réciproquement.

De telles questions sont réservées à l'avenir. Nous pouvons cependant affirmer que les observations de la *Vénus* serviront très-utilement à les éclairer. Parmi ces observations nous voyons, en effet, pour cinq rencontres de l'équateur magnétique, des mesures de l'inclinaison faites à la mer, à l'aide d'une aiguille qui, bien qu'invariable, donnera de bons résultats, puisque ses indications, à l'époque des relâches, étaient soigneusement comparées à celles d'autres aiguilles dont les pôles se retournaient. Nous remarquons aussi que l'influence perturbatrice du bâtiment pourra être calculée.

Ajoutons encore que dans vingt-deux déterminations de l'inclinaison à terre, il en est plusieurs de fort petites et d'où l'on pourra déduire la position de divers points de l'équateur magnétique, tout aussi exactement que si l'observateur avait eu les moyens de s'établir sur la courbe même.

Il y a sur le globe de nombreuses séries de points dans lesquels la déclinaison de l'aiguille aimantée est nulle, dans lesquels l'inclinaison est nulle. En existe-t-il où l'aiguille horizontale reste complétement stationnaire, où elle ne subisse aucune variation diurne ?

Avant le voyage de l'*Uranie*, cette question n'avait pas même été posée. On croyait alors que *le sens* de la variation diurne dépendait *du sens* de la déclinaison ; on croyait, par exemple, qu'à Paris, avant 1666, quand la pointe nord de l'aiguille déviait vers l'est, elle devait éprouver, du matin au soir, un mouvement dirigé de *l'ouest* à *l'est*, un mouvement opposé à celui que nous observons aujourd'hui.

Un de nous réduisit au néant ces suppositions gratuites, dès qu'il put jeter un coup d'œil sur les observations magnétiques de M. Freycinet et de ses collaborateurs. Il lui parut, en même temps, que le globe tout entier pouvait, du point de vue des variations diurnes, être partagé en deux parties entièrement distinctes : l'une boréale, dans laquelle de 9 heures du matin à 2 heures après-midi, *la pointe nord* de l'aiguille marcherait de l'est à l'ouest ; l'autre, australe, où de 9 heures à 2 heures, *cette même pointe nord* marcherait au contraire de *l'ouest* à *l'est*. La loi de continuité voulait impérieusement qu'en allant de la première région à la seconde, on rencontrât des lieux où l'aiguille serait immobile. Ces lieux (tous du moins) ne pouvaient pas être sur l'équateur terrestre, puisqu'à Rawack (terre des Papous), par $1'\frac{1}{2}$ seulement de latitude sud, on avait observé une variation diurne de 3 à 4 minutes. Restait à savoir si, à défaut de l'équateur terrestre, l'équateur magnétique ne serait pas la véritable ligne de séparation de cette région boréale du globe où, le matin, s'opèrent des mouvements occidentaux de l'aiguille aimantée, et de la région australe où le mouvement est inverse.

Les observations faites entre les deux équateurs pendant les voyages de la *Coquille* et de la *Bonite*, laissèrent la question un peu indécise.

Les observations de Payta, des îles Galapagos, fruit de l'expédition de la *Vénus*, ne sont pas non plus, dans leurs conséquences, exemptes de quelque équivoque ; mais elles commencent à faire poindre cette opinion, que la ligne sans variations diurnes horizontales, n'est ni l'équateur terrestre, ni l'équateur magnétique. Ainsi, de même qu'on a déjà cherché, pour les tracer sur des cartes géographiques, la forme des lignes d'égale déclinaison, d'égale inclinaison, d'égale intensité, on aura peut-être bientôt à s'occuper expérimentalement, d'une courbe *totalement distincte* des précédentes; d'une courbe le long de laquelle l'aiguille, par exception, conservera de jour et de nuit absolument la même direction; d'une courbe qui deviendra aussi l'objet de bien des recherches, de bien des voyages.

Ces exigences, ces complications incessantes ne

peuvent être une cause de découragement que pour les esprits superficiels. Les théories qui ne satisfont qu'à une, deux ou trois expériences reposent sur des fondements légers. Au contraire, quand on parvient à leur faire représenter de longues suites de phénomènes, elles acquièrent le seul caractère de certitude auquel, dans les sciences d'observation, il soit donné à l'homme d'atteindre. Pourquoi le système de l'attraction est-il aujourd'hui presque rangé parmi les vérités géométriques? C'est qu'il rend numériquement compte, non pas seulement de l'ensemble des mouvements célestes, mais encore des milliers de perturbations, grandes et petites, positives et négatives que produisent les actions mutuelles des planètes.

Conclusions.

Nous voici parvenus au terme de la tâche qui nous était imposée. Nous rappellerons donc à l'Académie (une si longue énumération de travaux a bien pu le lui faire oublier); nous rappellerons que le voyage de la *Vénus* fut entrepris dans des vues purement politiques et commerciales; qu'aucune observation de physique terrestre ou d'histoire naturelle n'était ni indiquée, ni prescrite au commandant, dans les instructions officielles émanées de l'autorité; que tout ce dont cette campagne aura enrichi la science, sera dû au zèle éclairé de M. le capitaine Du Petit-Thouars, admirablement secondé par l'état-major de la frégate. L'Académie, nous ne saurions en douter, aura vu avec satisfaction que ce bel exemple ait été donné par l'officier distingué de l'armée navale, qui porte le nom d'un de nos anciens, d'un de nos ingénieux confrères de la section botanique. Ce nom ne doit pas être moins cher à d'autres titres, car il s'appelait aussi *Du Petit-Thouars*, le capitaine du vaisseau le *Tonnant*, l'intrépide marin qui, après avoir soutenu avec habileté, avec énergie, et malheureusement sans succès, la nécessité de combattre *Nelson* à la voile, s'embossa devant *Aboukir*, en serre-file de l'amiral; fit clouer son pavillon au mât, afin que personne autour de lui n'eût jamais la pensée de l'amener; repoussa, à portée de pistolet, l'attaque simultanée de trois vaisseaux anglais, quoiqu'il n'eût sous ses ordres que 600 hommes, quoique l'incendie et l'explosion du vaisseau l'*Orient* eussent rendu sa position extrêmement périlleuse; perdit dans cette héroïque défense une jambe, les deux bras, et ne voulant pas même abandonner à l'ennemi un corps en lambeaux, fit jurer à son équipage qu'au moment suprême il serait jeté à la mer !

Nous manquerions à notre devoir si nous ne citions pas, d'une manière toute particulière, les collaborateurs du commandant de la *Vénus* qui ont le plus habillement, le plus activement contribué aux travaux dont nous avons présenté l'énumération et essayé de faire sentir l'importance.

Au premier rang, nous trouverons M. *Dortet de Tessan*, ingénieur-hydrographe. M. de Tessan a été l'âme des nombreuses recherches de météorologie, de magnétisme et de physique terrestre, dont la *Vénus* nous apporte les résultats. Il a pris une part personnelle à presque toutes les observations, à presque toutes les mesures. Quand les méthodes connues étaient insuffisantes, quand elles ne conduisaient pas à des solutions directes, exactes, des problèmes qu'on se proposait *à priori*, ou que des circonstances fortuites faisaient naître, M. de Tessan inventait des méthodes nouvelles.

Une si grande activité aurait étonné votre Commission, si M. de Tessan ne lui eût déjà donné comme collaborateur de M. Bérard, dans le beau travail exécuté de long de la côte septentrionale de l'Afrique, la mesure de ce qu'on peut attendre d'un savoir profond, d'un esprit inventif, d'une connaissance pratique des instruments de marine et de physique ; quand ces qualités se trouvent étroitement unies au sentiment du devoir et à un zèle ardent pour le progrès des sciences.

Tous ceux qui ont été embarqués sur les navires de l'État savent à quel point le commandant en second est absorbé par des devoirs, par des services de tout genre, assurément fort utiles, mais extrêmement multipliés, mais très-fastidieux. Ce n'est pas sans raison que, dans leur langage naïf, les matelots appellent tour à tour cet officier *la ménagère* et le *grand prévôt*. Il faut donc nous hâter de dire que malgré les exigences sans nombre de sa position, le commandant en second de la *Vénus*, M. *Chiron*, a toujours trouvé le temps de présider aux observations météorologiques journalières du bord, d'en assurer la régularité et l'exactitude.

M. *Lefebvre*, enseigne pendant le voyage, aujourd'hui lieutenant de vaisseau, a toujours concouru aux observations scientifiques, avec une habileté, avec un zèle dignes de tous nos éloges. M. Lefebvre paraît marcher à grands pas dans une carrière où plusieurs officiers de la marine française ont trouvé une légitime illustration.

Le nom de M. *Goury*, jeune élève, se lit trop souvent en marge des journaux de la frégate, à côté des observations magnétiques, pour qu'il ne doive pas être signalé ici.

La classe des sous-officiers, non moins zélée, non moins habile, non moins méritoire à tous égards dans la marine que dans l'armée de terre, a aussi très-largement contribué aux travaux de la *Vénus*. Citons d'abord M. *A. Dubosc*, chef de timonnerie, qui a fait preuve à la fois, pendant toute la durée de la campagne, d'une ardeur infatigable et de connaissances peu communes. Le nom de ce sous-officier se retrouve à chaque page des registres qui renferment les observations du baromètre et du thermomètre, les observations de la déclinaison, de l'inclinaison et de la variation diurne de l'aiguille aimantée.

MM. *Roline* et *Leroux*, quartier-maîtres de timonnerie, figurent aussi dans toutes ces observations par une exactitude à la fois scrupuleuse, intelligente et éclairée.

N'oublions pas enfin MM. *Kersérho*, *Bertrand* et *Brisseau*. Ces jeunes gens, destinés à la carrière de capitaine du commerce, ont pris une part très-honorable à presque toutes les recherches dont nous avons présenté l'analyse.

Lorsque M. le Ministre de la Marine nous transmit le recueil des cartes levées pendant le voyage de la *Vénus*, et l'immense collection de cahiers, de registres manuscrits, où toutes les observations sont consignées, il témoigna le désir qu'une Commission en prît connaissance, et que le résultat de son examen lui fût communiqué.

Nous proposerons donc à l'Académie d'envoyer à M. le Ministre la copie du Rapport qu'elle vient d'entendre.

Nous croyons aussi qu'elle doit émettre le vœu qu'une *prompte publication* donne au monde savant les moyens de juger, d'apprécier, de discuter les observations de toute nature, que les navigateurs de la *Vénus* ont faites avec une si grande habileté, et au prix de tant de fatigues.

Ce n'est pas sans dessein, Messieurs, que les mots *prompte publication*, viennent d'être jetés dans les conclusions de la Commission. En effet, pour peu qu'on tarde à se décider, nos compatriotes perdront probablement le fruit de leurs veilles laborieuses; les découvertes que nous avons citées ou seulement fait pressentir, verront le jour sous le patronage d'une des nombreuses expéditions anglaises, américaines, etc., qui aujourd'hui sillonnent les mers dans toutes les directions. Si, enfin, elle s'abandonne encore cette fois à une sorte d'apathie qui lui est fort ordinaire et dont les fâcheux résultats pourraient cependant être énumérés par centaines, la France, il faut le dire avec franchise, se laissera enlever plusieurs précieux fleurons de sa couronne scientifique.

Avouons-le, néanmoins : en demandant si vivement qu'on se hâte, nous espérons encore détourner l'administration de la Marine, d'un mode de publication dont les inconvénients sont aujourd'hui manifestes ; nous lui conseillons indirectement de renoncer à des éditions de luxe, là où le luxe serait seulement ruineux ; de proscrire à l'avenir le morcèlement indéfini des matières, les interminables livraisons de quelques pages, puisque personne ne lit les ouvrages qui paraissent ainsi ; de se prononcer, en temps et lieu, contre la répartition sur un grand nombre d'années des crédits budgétaires destinés à la publication de tel ou tel voyage formant seulement un ou deux volumes ; car, de cette manière, l'État devient souvent éditeur de théories vieillies ou d'observations inutiles ; sans compter qu'en tenant d'habiles officiers éloignés de la mer, on change, on brise leur carrière et l'on prive le pays des éminents services qu'ils n'eussent pas manqué de lui rendre.

Un coup d'œil rétrospectif sur plusieurs de nos voyages de découvertes a non-seulement confirmé la justesse de ces réflexions, mais, en outre, il nous a fait découvrir une lacune très-fâcheuse, très-nuisible aux sciences et qui probablement ne serait jamais comblée, si l'Académie, avec l'autorité dont elle jouit, ne la signalait pas à M. le Ministre de la Marine.

Le voyage de M. Freycinet avait été jusqu'ici publié en vertu d'un contrat passé jadis entre M. le Ministre de l'*Intérieur* et un libraire. Immédiatement après l'achèvement de la dernière livraison de la relation historique, c'est-à-dire la seule partie dont le débit fût assuré ; au moment où les résultats numériques du voyage de l'*Uranie* devaient passer dans les mains des imprimeurs, le contrat a été résilié avec l'assentiment de l'autorité compétente. Que vont maintenant devenir ces manuscrits si soigneusement rédigés, que leur publication ne donnerait pas lieu au remaniement d'une seule ligne ? D'immenses recueils d'observations météorologiques faites avec des soins infinis, particulièrement dans les régions équinoxiales ; mille et mille mesures de la déclinaison, de l'inclinaison de l'aiguille aimantée ; des variations diurnes de l'aiguille horizontale et de l'intensité du magnétisme terrestre, travail dont l'exactitude le dispute à ce que la physique du globe possède de mieux sur ce sujet difficile ; des recherches de vingt années, relatives aux langues des sauvages de la mer du Sud ; le volumineux vocabulaire qui en est résulté ; tout cela sera-t-il donc perdu ? Personne assurément ne peut le vouloir. Aussi, la Commission a-t-elle la ferme confiance que, tout en sollicitant la prompte publication du voyage de la *Vénus*, l'Académie voudra bien appeler l'attention de M. le Ministre de la Marine sur la partie inédite de la campagne de l'*Uranie*. Ce sera faire à la fois la part du présent et celle du passé ; ce sera, incontestablement, rendre un double service aux sciences.

Les conclusions de cette première partie du Rapport sont adoptées par l'Académie.

RAPPORT

SUR

LA PARTIE GÉOLOGIQUE

ET MINÉRALOGIQUE

DE LA CAMPAGNE DE LA *VÉNUS;*

PAR M. ÉLIE DE BEAUMONT.

Une campagne pendant laquelle aucun des observateurs de la *Vénus* n'a pu pénétrer dans l'intérieur
des terres, ne devait guère enrichir ni la minéralogie,
ni la géologie. Aussi, loin de s'étonner du peu qui a
été rapporté, il faut plutôt être surpris que dans de
pareilles circonstances, on ait eu le bonheur de recueillir quelques matériaux utiles.

Ces matériaux combleront diverses lacunes dans
la section géographique des collections du Muséum
d'Histoire naturelle. M. *Néboux*, chirurgien-major
de la Marine, a beaucoup ajouté à la valeur des roches dont ses collections se composent, en donnant
toujours sur leur gisement des détails clairs et précis.

Grâce à M. le docteur Néboux, nous savons aujour-
d'hui que le fond du terrain dans la baie d'Avatscha,
au Kamtschatka, se compose de schistes argileux
verdâtres, en couches inclinées, accompagnées de phta-

nite et de jaspe verdâtre; que, çà et là, quelques proé-
minences sont formées de roches d'origine éruptive;
que, près de la baie des Trois-Frères, il existe des
dolérites formant des masses de structure colomnaire,
ou des filons qui traversent des conglomérats, comme
les roches du nord de l'Écosse et des îles Fœroë. A la
pointe nord de la baie Isménaï, M. Néboux a observé
et recueilli diverses variétés de trachyte parmi lesquelles on remarque un trachyte résinoïde noir qui, au
premier aspect, rappelle ceux des masses imposantes de
l'Elbruz et de l'Ararat. La science sera donc redevable
au chirurgien-major de la *Vénus*, de pouvoir aujour-
d'hui déterminer avec rigueur la nature des diverses
roches ignées dont les éruptions ont précédé la nais-
sance des grands volcans du Kamtschatka.

La constitution géologique de la Californie était
moins connue encore que celle du Kamtschatka. Les
échantillons de roches rapportés par M. Néboux, de
la large baie de Monterey, sont des granites semblables
à beaucoup de granites d'Europe. C'est un nouveau
terme à cette série de rapprochements qui montrent
combien les principaux matériaux de l'écorce terrestre
sont analogues entre eux dans les régions les plus
·éloignées.

Le chirurgien-major de la *Vénus* a recueilli, dans
cette même baie de Monterey, une roche stratifiée qui,
de prime abord, ressemble au quartz résinite du terrain d'eau douce de l'Auvergne. Cette roche a seulement la singulière propriété de se laisser percer par
d'innombrables coquilles perforantes. Elle mériterait

bien, ce nous semble, de devenir l'objet d'une analyse chimique.

A l'occasion de cette roche, ou d'une autre analogue, quant à la présence des coquilles, nous lisons dans des notes de M. *de Tessan :*

« Sur la grève de Monterey, nous avons ramassé
« des morceaux d'une roche qui s'est présentée à nous
« dans tous les états de dureté possible, depuis l'état
« pâteux, jusqu'à celui de silex faisant feu au briquet.
« Il paraîtrait que le passage d'un de ces états extrê-
« mes à l'autre, s'opère en assez peu de temps à l'air
« et au soleil. La roche en question, solidifiée, ren-
« ferme dans des alvéoles, des coquilles qu'on trouve
« encore vivantes au fond de l'eau ; mais au fond de
« l'eau la roche est encore à l'état de vase com-
« pacte. »

Sur un autre point de la Californie, dans la baie de la Magdeleine, M. le docteur Néboux a trouvé le rivage formé d'une belle roche amphibolique mélangée d'épidote. La roche amphibolique est recouverte d'un conglomérat contenant un grand nombre de coquilles univalves et bivalves, souvent très-grosses. Ces coquilles, par leur nature et leur conservation, semblent annoncer un dépôt tertiaire récent.

Des collections de roches rapportées des environs de Payta contribueront à nous faire mieux connaître la constitution géologique de cette partie de l'Amérique.

Sur la côte du Pérou, des collines formées de grès et de schiste sont recouvertes de sable provenant de ces mêmes roches, et présentent l'aspect de dunes arides. Des briques, des os éprouvent le même genre de désagrégation. M. de Tessan, à qui nous empruntons cette observation, ne pense pas qu'on doive l'expliquer comme on le fait ordinairement, d'après les seules actions atmosphériques. Suivant lui, dans ces contrées, la nature met en jeu, sur une vaste échelle, le procédé imaginé par M. Brard pour découvrir les pierres gélives. Comme il n'y pleut presque jamais, les matières salines ne sont point enlevées. Les fortes rosées de la nuit les font pénétrer dans les pores des pierres. La chaleur du jour détermine ensuite leur cristallisation, et les effets doivent être ceux que le sulfate de soude produit dans la méthode de M. Brard. Cette vue nous paraît mériter d'être suivie.

Nos voyageurs ont remarqué des débris de poteries et des ossements humains dans la grande falaise de cailloux roulés qui règne le long de la côte, entre le Callao de Lima et le Moro-Solar : on les y voit à diverses hauteurs, mais surtout vers le sommet de la falaise, qui n'a pas moins de 20 mètres d'élévation.

RAPPORT

SUR LES RÉSULTATS

CONCERNANT

L'HISTOIRE NATURELLE

OBTENUS

DANS L'EXPÉDITION DE LA *VÉNUS*;

PAR M. DE BLAINVILLE.

L'Académie trouvera dans le Rapport que j'ai été chargé de lui faire sur les résultats en histoire naturelle obtenus dans l'expédition nautique de la *Vénus*, sous le commandement de M. *Du Petit-Thouars*, une nouvelle preuve que les officiers instruits, qu'un commandant au moins très-bienveillant pour des recherches qui ne sont pas essentiellement de son devoir, peuvent toujours fournir des matériaux intéressants aux sciences qui s'occupent de l'étude des phénomènes et des êtres naturels, lorsque dans le cours d'une mission de toute autre nature qu'une mission scientifique, ils sont conduits par la généreuse idée de faire tout ce qu'il sera possible de faire pour l'honneur de leur savante profession et pour la gloire de leur pays.

La frégate la *Vénus*, commandée par M. le capitaine de vaisseau Du Petit-Thouars, avait pour mission, comme se le rappellera peut-être l'Académie, de montrer le pavillon français dans toute la mer du Sud, dans les deux directions en longitude et en latitude, et de pro-

téger les travaux pacifiques de civilisation de nos mis-
sionnaires, ainsi que nos grandes pêches de la baleine
dans ces parages. Tel était son devoir, et tout le monde
sait qu'elle l'a parfaitement rempli ; mais ce qu'elle
ne devait pas d'une manière aussi explicite et cependant ce qu'elle a fait, ç'a été de recueillir des matériaux
pour les progrès des sciences naturelles, et cela d'une
manière fort libérale, comme nous allons le montrer.

L'expédition a duré trois ans. Partie de Brest, elle
a suivi la route ordinaire pour gagner la mer du Sud
en doublant le cap Horn ; elle a parcouru toute la côte
occidentale de l'Amérique, depuis la Terre de Feu
jusqu'au Kamtschatka, en s'arrêtant plus spécialement
dans les parties les plus septentrionales, à la Californie,
sur la côte N. O. de la Nord-Amérique ; puis, après
être revenue par les îles Sandwich et s'être de nouveau
rapprochée de l'équateur, elle a traversé toute la mer
du Sud jusqu'à la Nouvelle-Hollande, d'où elle est
retournée le plus directement possible en Europe, en
touchant à Bourbon et dans nos possessions de la côte
occidentale d'Afrique. D'où l'on voit combien variées
pouvaient être les observations et les objets recueillis
par le commandant lui-même, par son second,
M. *Chiron*, par M. *Néboux*, chirurgien-major du
bâtiment, et par M. *Filleux*, commis de la marine.

L'administration du Muséum d'Histoire naturelle,
au Jardin du Roi, s'est empressée d'exprimer au Ministre combien la générosité de ces Messieurs avait
contribué à enrichir les collections publiques. L'Académie va sans doute bientôt s'associer à ses remercî-

ments, si elle veut bien entendre la courte exposition que je vais avoir l'honneur de lui faire.

Les objets recueillis, soigneusement choisis et convenablement conservés, avec les notes et renseignement à l'appui, portent sur toutes les parties de l'Histoire naturelle qui ne demandaient pas des éléments de conservation dispendieux et embarrassants pour la place, en zoologie, en phytologie et en géologie.

En zoologie, nous citerons surtout, et avec une bien vive satisfaction, dans la classe des mammifères, un individu vivant et un magnifique squelette recueillis par M. Néboux, dans les forêts de la Californie, de cette grande espèce d'Ours que les voyageurs et naturalistes anglo-américains ont désigné sous le nom de *U. griseus*, de *ferox*, ou même d'*horribilis*, à cause de sa couleur la plus ordinaire, de sa férocité et de son aspect véritablement effrayant par sa grande taille. Cet animal et ce squelette, dont nous ne possédions qu'un très-jeune rapporté par M. Botta, serviront à mieux apprécier ce point de paléontologie, savoir, si les Ours dont on trouve des ossements si nombreux dans presque toutes les cavernes de l'Europe, constituent ou non une espèce distincte de celle qui vit aujourd'hui si misérablement dans quelques parties resserrées de nos Alpes et de nos Pyrénées, et nous donneront une idée de ce qu'était l'ours fossile nommé *U. Spelœus* par Blumenbach, lorsqu'il vivait librement dans les vastes forêts de notre Europe septentrionale.

Nous devons aussi à M. Néboux le squelette d'un de

ces Phoques confondus sous le nom d'Ours marin, et encore fort rares dans nos collections.

Le reste des mammifères produit de l'expédition est moins important, si ce n'est pour la zoologie géographique. Ainsi la science apprendra que les Mouffettes, si communes dans la Sud–Amérique, même dans la Patagonie, se retrouvent encore dans la Californie.

Mais c'est surtout dans la classe des oiseaux que des collections rapportées par MM. Du Petit-Thouars, Néboux et Filleux, fourniront plus de matériaux à la science. En effet, le nombre total des objets considérés comme utiles au Muséum, ne s'élève pas à moins de 430 individus, appartenant à 348 espèces. Toutes ne le sont pas au même degré, comme on le pense bien; mais on a pu y distinguer:

« 1° Des espèces nouvelles pouvant être considérées comme types de genres nouveaux. Par exemple, une espèce de Mésange à plumes de la queue roides, comme dans les Pics, les Picucules, ce qui dénote chez elle une habitude de grimper. Une nouvelle espèce d'oiseau ténuirostre, du genre des Héorotaires des îles Sandwich, et dont M. de la Fresnaye a cru devoir former un genre distinct, sous le nom d'*Hétérorhynque*, à cause de la dissemblance des deux parties de son bec recourbé, qui rappelle ce qu'on connaissait d'un autre oiseau, le Bec en ciseaux, et même un poisson, l'Hémiramphe.

« 2° Des espèces nouvelles de genres déjà établis, et entre autres un Oiseau–Mouche, d'une robe éclatante, provenant de San-Blas, trois espèces de Colombes dont

deux à calottes, fort jolies et voisines de la Colombe Kurukuru; une nouvelle espèce de Philédon, décrite par
M. de la Fresnaye, etc.

« 3° Des espèces aussi belles que rares et dont nos
collections ne possédaient qu'un individu incomplet ou
mal conservé, comme deux très – belles Pies bleues,
dont un individu avait été rapporté par la *Bonite;* le
Garule outre-mer, oiseau véritablement magnifique et
d'un grand prix; le Glaucope cendré, la Colombe magnifique; les deux sexes du beau Colin de la Californie,
rapporté pour la première fois par M. Botta, mais le
mâle seulement; le Momot à oreilles bleues, le Séricule
Prince-régent, le Cacique commandeur, etc.

« 4° Des espèces européennes, et alors intéressantes,
non pas en elles–mêmes, mais comme éléments de la
zoologie géographique, ou de la distribution des animaux à la surface de la terre : par exemple, le Bruant
éperonnier, pris en mer, latit. 49° N., longit. 171° E.,
et la Fauvette Calliope, rapportée du Kamtschatka. »

En un mot, et pour donner une idée de l'intérêt de
cette partie des collections faites par MM. les officiers de
la *Vénus*, nous rapporterons textuellement la phrase
par laquelle M. Isidore Geoffroy-Saint-Hilaire, notre
confrère, termine son rapport à l'administration du Muséum : « Nous avons vu bien peu de collections orni-
« thologiques où, proportionnellement au nombre to-
« tal, le nombre des objets intéressants fût aussi grand
« qu'il l'est dans la collection de M. Néboux. »

La classe des reptiles ne pouvait pas être aussi heu-
reusement représentée dans les collections de la *Vé-*

nus, parce qu'il faut, pour la conservation de ces animaux, une liqueur fort chère et des dispositions encore plus embarrassantes. Cependant, au nombre des objets rapportés, on a pu reconnaître, 1° une espèce de Geckos de la Nouvelle-Hollande, et qui vient, intermédiaire aux espèces groupées sous les noms d'Hémidactyles et de Platydactyles, montrer comment toutes les espèces de Geckos se nuancent dans la disposition des plaques sous-digitales; 2° la grande et belle espèce d'Iguane, type du genre Amblyrhynchus de Wagler, et qui manquait à nos collections; 3° deux nouvelles espèces de Scinques de la Nouvelle-Zélande, et qui viennent encore combler une lacune de la série.

Dans la classe des Amphibiens, nous n'avons trouvé à noter qu'une grenouille du Kamtschatka, qui n'est pas nouvelle, mais qui n'en offre pas moins un puissant intérêt, parce qu'elle appartient à la *R. temporaria,* ou à la grenouille des champs de notre Europe.

Les animaux mollusques, et surtout leurs coquilles, étant, comme les oiseaux, les objets d'Histoire naturelle qui présentent le moins de difficultés pour la conservation, forment encore une des parties les plus intéressantes des collections de la *Vénus,* mais qui est entièrement due à M. Du Petit-Thouars et à M. Chiron, son second. Les premiers, qui nécessitent des bocaux et de l'esprit-de-vin, sont peu nombreux et peu importants; mais il n'en est pas de même des coquilles, accompagnées, quand l'espèce en était pourvue, de leur opercule. D'après les catalogues faits au Muséum, le nombre total des individus ne monte pas à

moins de quinze cents, appartenant à près de quatre
cents espèces. Aucun ne paraît indiquer une coupe gé-
nérique nouvelle, ce qui devient, en effet, assez rare
aujourd'hui en conchyliologie un peu rationnelle.
M. Deshayes en a cependant établi une avec une petite bivalve, voisine des Erycines, et qui a en effet quelque chose d'assez particulier dans la charnière ; il lui a
même donné le nom de M. Chiron, commandant en
second de la *Vénus*, et qui s'est livré d'une manière
très-suivie à la recherche des coquilles. Mais plusieurs
semblent constituer des espèces qui n'étaient pas connues, au moins dans nos collections ; telles que plusieurs Pholades de la Californie, dont une est fort remarquable par sa grande taille et la soudure de ses pièces
accessoires : les plus intéressantes sont certainement
celles qui viennent de la Californie et du Kamtschatka.
On y trouve en effet tous ces beaux Murex, connus
sous les noms de *M. radix*, *regius*, *brassica*, et plusieurs autres espèces peut-être nouvelles ; un assez
grand nombre de Trochus, de Turitelles, d'Hélix de
la Californie. Le genre Pourpre, si riche en espèces
dans toute la côte occidentale de l'Amérique, où se trouvent presque exclusivement les Monoceros, pourra encore être augmenté de plusieurs espèces qui n'étaient
pas signalées. Mais, en général, si ce n'est pour quelques Patelles et Vénus d'une grande taille et plus ou
moins nouvelles, l'intérêt scientifique de cette collection de coquilles portera essentiellement sur la distribution des animaux mollusques à la surface de la terre,
et confirmera sans doute l'observation déjà faite pour

les mammifères et les oiseaux, qu'un assez grand nombre d'espèces identiques se trouvent dans les mers et sur les continents qui approchent le cercle polaire arctique. Ainsi la côte de la Californie a présenté le *Cardium groenlandicum*, et les coquilles du Kamtschatka, surtout, rappellent d'une manière remarquable celles du nord de l'Europe.

Dans le reste de la série zoologique, le voyage de la *Vénus* n'a rapporté que fort peu de chose : mais il n'en est pas de même en botanique. MM. Néboux et de Tessan se sont surtout attachés à recueillir les plantes terrestres et marines qui croissent dans les îles du grand Océan, direction importante sous le rapport de la distribution géographique et qu'on ne saurait trop recommander aux voyageurs.

L'expédition a aussi eu l'avantage de rapporter une belle collection de deux cent trente plantes faite à la Nouvelle-Hollande par M. Allan Cuningham, outre une quarantaine d'autres recueillies à Otahiti par M. Morenhaut.

D'après cela il est aisé de voir combien nous devons désirer que l'Académie veuille bien non-seulement adresser ses remercîments à MM. Du Petit-Thouars, Néboux et Filleux, mais en outre prier M. le Ministre de la Marine de les leur faire parvenir officiellement et d'y joindre les témoignages de sa propre satisfaction pour leur généreuse coopération aux progrès des sciences.

Les conclusions du Rapport de M. de Blainville sont adoptées par l'Académie.

RAPPORT

FAIT A L'ASSEMBLÉE

DES PROFESSEURS-ADMINISTRATEURS DU MUSÉUM

SUR LES COLLECTIONS

DONNÉES

PAR M. DU PETIT-THOUARS,

Capitaine de vaisseau.

L'assemblée m'a chargé, dans la séance du 16 juin 1840, de lui présenter sur les collections formées pendant la circumnavigation de la frégate la *Vénus*, sous les ordres de M. le capitaine de vaisseau Du Petit-Thouars, un résumé des catalogues et des notes rédigés par les professeurs ou les aides-naturalistes des différentes parties auxquelles se rapportent ces diverses collections.

Pour bien apprécier l'importance des heureuses récoltes faites sous les ordres de l'habile officier à qui l'expédition était confiée, je rappellerai à l'assemblée la route suivie par la frégate.

La *Vénus*, partie de Brest, a relâché à Sainte-Croix-de-Ténériffe, à Rio-Janeiro au Brésil, à Valparaiso au Chili, à Callao au Pérou, d'où elle s'est dirigée sur les Sandwich en mouillant à Honoloulou et à Owahou. Tournant de là vers le pôle nord, elle a atteint la

baie d'Avatshca au Kamtschatka, qu'elle a quittée pour
se rapprocher de nouveau de l'équateur en descendant
la côte nord-ouest d'Amérique , et en touchant à Monterey dans la Haute – Californie , à la baie de Sainte-
Magdeleine dans la Basse-Californie, à Mazatlan, à San-
Blas et à Acapulco au Mexique ; puis, passant de nouveau
dans l'hémisphère austral, elle est revenue à Payta, au
Callao et à Valparaiso.

Quittant alors le continent américain , la frégate a
mis le cap sur l'archipel des Galapagos, a mouillé à l'île
Charles, et s'avançant ensuite dans le grand Océan ,
en visitant les Marquises et Otaïti , elle a traversé cette
vaste étendue de mer pour aller montrer son pavillon
dans la baie des îles de la Nouvelle-Zélande , à Sidney
à la Nouvelle – Hollande , d'où elle venue désarmer à
Brest , en passant à Bourbon , au cap de Bonne-Espérance , à l'île Sainte-Hélène et à l'Ascension.

Dans cette navigation , qui a duré près de trois ans,
M. Du Petit-Thouars a saisi toutes les occasions et a
donné aux officiers sous ses ordres les facilités convena-
bles pour se livrer à des recherches d'Histoire naturelle. Aussi les collections que lui ou ses officiers ont
rapportées ou données au Muséum, avec la plus grande
et la plus complète générosité, composent-elles un don
précieux qui accroîtra d'une manière notable différentes parties de l'établissement, et seront-elles, dans ces
diverses parties, utiles aux progrès des sciences naturelles.

Le zèle du commandant a été secondé surtout
par M. Néboux, chirurgien de l'expédition, et par

M. Filleux, commis de la marine. Ces deux navigateurs ont conservé leur collection particulière, dont
ils ont ouvert, comme leur chef venait de le faire pour
les siennes, les trésors au Muséum; d'où il suit que le
résultat des recherches suivies pendant l'expédition de
la frégate la *Vénus* a produit trois collections sépa-
rées, mais concourant toutes trois au but que s'était
proposé M. Du Petit-Thouars, celui d'être, autant
que possible, utile au Muséum et aux sciences naturelles.

Ces collections sont formées d'objets des trois règnes,
la zoologie, la botanique et la géologie.

Pour conserver plus d'unité au résultat de l'expédition, je vais citer pour chacune de ces divisions, les objets les plus importants, en ayant soin de rappeler le nom
de l'officier auquel on les doit.

M. Isidore Geoffroy-Saint-Hilaire a fait remarquer,
dans les notes qu'il a remises à l'assemblée, que le Muséum a reçu trois collections de mammifères et d'oiseaux : la première, donnée par M. Du Petit-Thouars
en son nom et en celui de M. Filleux; une seconde,
par le chirurgien en chef M. Néboux; et une troisième, par M. Du Petit-Thouars, au nom de M. Fil-
lieux.

La première comprend des mammifères déjà exis-
tants dans les collections, mais très-utiles au Muséum,
soit pour renouveler ceux devenus trop vieux dans les
cabinets et altérés par l'ancienneté de leur prépara-
tion, soit à cause des localités, qu'on ne connaissait
encore qu'imparfaitement. Parmi les oiseaux, on doit

signaler une nouvelle espèce de Colombe, une Pie bleue
du Mexique, et une Farlouze de la Nouvelle-Zélande.
Le Momot à oreilles bleues, et le Séricule Prince-régent, tenant des Loriots et des Oiseaux de paradis, et
qui habitent l'intérieur de la Nouvelle-Hollande, sont
de beaux oiseaux encore trop rares pour qu'il ne faille
pas ne pas négliger de les signaler à l'attention de l'assemblée.

La seconde collection faite par M. Néboux se compose de mammifères curieux et de 279 oiseaux se rap-
portant à 156 espèces. Cette collection, importante
par le nombre des espèces et des individus, l'est
plus encore par la nature des objets qui la composent.

On y remarque un nouveau genre de passereaux,
voisin des Mésanges, mais à pennes de la queue rigides
et pointues comme celles des oiseaux grimpeurs, telles qu'on les observe dans les Picucules, les Grimpe-
reaux, etc., et un autre genre qui ne se rapporte à aucun autre, et qui fournira l'une des coupes les plus
bizarres des Ténuirostres, à cause de la forte courbure
et de l'inégalité très-prononcée et très-singulière des
deux mandibules. Après ces deux nouveautés ornithologiques, il faut citer un Oiseau-mouche nouveau de
San-Blas, une nouvelle Tourterelle des Marquises,
une autre voisine du Columba Kurukuru, mais à ca-
lotte blanche; un Ploceus noir et quelques autres
encore.

Parmi les oiseaux déjà connus, mais encore très-ra-
res, et qui feront l'ornement des galeries par la beauté

de leurs couleurs, on ne peut passer sous silence le magnifique Garrub outre-mer, le Cacique commandeur, le mâle et la femelle du Colin de la Californie, le Glaucopis cinerea de Latham. Enfin, j'ajouterai que M. Isidore Geoffroy-Saint-Hilaire résume ses notes en disant que bien peu de collections ornithologiques ont jusqu'à présent montré, relativement au nombre, autant d'objets nouveaux et aussi dignes d'intérêt scientifique.

Les collections de M. Filleux sont un peu moins nombreuses, mais elles renferment à peu près les mêmes objets rares et nouveaux, de sorte qu'elles donneront des doubles intéressants pour le Muséum.

La classe des reptiles, quoique moins nombreuse, comprend des espèces dignes de remarque. M. Bibron vous a signalé l'Amblyrinchus ater, Iguanien de la Californie, encore très-rare dans les musées européens.

La famille des Scincoïniens et des Geckotiens offre des espèces rares et intéressantes. Enfin, j'appellerai l'attention de l'assemblée sur un batracien que M. Du Petit-Thouars croit être originaire du Kamtschatka, et qui est le Rana temporaria, espèce abondante dans toute l'Europe. Comme on trouve dans la portion occidentale du cercle polaire les mêmes mollusques que ceux de nos mers septentrionales, cette similitude dans les espèces, de classes différentes, devient d'un haut intérêt, en fournissant de nouveaux éléments à la question qui touche à la distribution des espèces sur notre globe.

f

Je viens de citer la classe des mollusques : les récoltes de MM. Du Petit-Thouars et Néboux sont très-riches, et ont procuré un grand nombre d'espèces nouvelles de coquilles. Ils ont rapporté en abondance des espèces rares avant leur voyage ; avantage réel pour la science, car ils ont ainsi fourni le moyen de connaître, dans toutes leurs variétés spécifiques, des mollusques dont l'espèce, caractérisée d'après un ou deux individus, est loin de l'être aussi bien.

Outre les coquilles si intéressantes du Kamtschatka que j'ai signalées tout-à-l'heure, j'appellerai votre attention sur ces belles et grandes Patelles de Monterey, dont le plus grand diamètre est de près de 0^m,30 ; des Vénus d'espèces nouvelles qui ont jusqu'à 0^m,20 de diamètre. Elles sont grenues, et voisines de la Vénus puerpera. Aux îles Galapagos, la drague a rapporté en abondance la Pourpre à deux taches, coquille des plus rares avant ce voyage. La Nouvelle-Zélande a fourni en grand nombre et dans tous les âges, depuis l'œuf jusqu'à l'adulte, l'Ouricule bauris ovina, la Volute robe turque, etc.

M. Néboux a donné au Muséum plusieurs coquilles qui manquaient aux collections de M. Du Petit-Thouars et a ainsi complété les résultats de l'expédition. On conçoit d'ailleurs que je dois ici m'arrêter dans les détails, et dire seulement que le Muséum s'est enrichi de plus de 1,500 coquilles, appartenant à 350 ou 400 espèces. Les échantillons sont tous pour la plupart très-frais, bien conservés, et ces habiles observateurs n'ont pas négligé de rapporter les opercules des espèces qui en sont pourvues, parties que l'on néglige trop souvent et dont l'étude est devenue nécessaire en conchyliologie.

Quoique les moyens d'exploration n'eussent pas été prévus lors de l'équipement de la frégate, M. Néboux a pu recueillir quelques mollusques conservés dans l'alcool, qui combleront encore des lacunes dans cette partie presque neuve des collections du Muséum.

Les herbiers ont été examinés par M. Decaisne : il a aussi constaté que, quoique peu nombreux, ils contenaient des plantes précieuses pour donner un aperçu de la flore des îles de l'Océanie ou de la Nouvelle–Zélande, et que l'on doit savoir gré à M. Néboux et à M. de Tessan d'avoir pris soin de recueillir et de dessécher ces plantes.

Ils ont aussi fait profiter le Muséum des plantes qui leur ont été données à Otaïti par M. Morenhaut, et à la Nouvelle-Zélande, par M. Allan Cunningham.

Enfin, le catalogue des roches déposées au Muséum, présenté par M. le professeur de géologie, est formé de deux séries : l'une, sous le nom de M. Du Petit-Thouars, se compose de 140 échantillons de minerais de cuivre argentifère de Pasio (Haut-Pérou), de coquilles fossiles de la même localité, d'une belle suite de roches phylladines et de roches argilo-calcaires ou siliceuses, percées par des Pholades prises à Monterey; de roches volcaniques des Marquises et des Galapagos, de roches primitives du Kamtschatka, et enfin d'une collection intéressante de vases marines ou de sables recueillis en vingt-cinq des points principaux abordés par la frégate, et qu'il est inutile de citer ici, en se reportant à l'itinéraire que nous avons tracé.

La série indiquée sous le nom de M. Néboux comprend 115 échantillons de roches, prises pour la plupart dans les mêmes lieux, et à peu près semblables à celles citées plus haut.

M. le professeur de géologie a soin d'ajouter que ces deux collections sont composées de grands et beaux échantillons; que celle de M. Néboux était accompagnée de notes très-détaillées sur le gisement de chaque roche, que le Muséum ne possédait encore aucune roche de Californie et du Kamtschatka, et que plusieurs d'entre elles font connaître, jusqu'à un certain point, des systèmes de gisements nouveaux pour la géologie.

Nous ne devons pas négliger de faire connaître que ces diverses collections ont été remises intactes au Muséum, et qu'elles ont été livrées tout entières au choix des professeurs de chaque partie, qui ont pu enrichir de tout ce qu'elles leur ont offert de remarquable les collections de cet établissement.

L'étendue que j'ai été obligé de donner à ce résumé prouve mieux que tout autre raisonnement l'importance des travaux en Histoire naturelle exécutés pendant la campagne de la *Vénus*.

Nous pensons que l'assemblée n'hésitera pas à adresser une copie de ce Rapport à M. le Ministre de la Marine, et une autre à M. le commandant de l'expédition, en témoignant au Ministre combien il serait utile pour les sciences naturelles, de publier les faits nouveaux dont cette expédition les a enrichies.

Le professeur-secrétaire,

A. Valenciennes.